普通高等教育"十二五"规划教材

大学物理学习指导

主　编　韩晓静　王运滨

副主编　母继荣　王春晖　丁艳丽

北京邮电大学出版社
·北京·

内容简介

本书根据大学物理教学大纲的要求进行编写,主要分为六篇,共十六章,内容包括:力学、振动与波动、波动光学、热学、电磁学、近代物理学。每一章中都配有教学要点、内容概要、例题赏析及习题选编四部分,书后配有习题答案。

本书在题目的安排上避免了物理学与实际生活脱节的现象,安排了部分与实际生活息息相关的物理题目,将理论知识联系到生产实际中。

图书在版编目(CIP)数据

大学物理学习指导 / 韩晓静,王运滨主编. —— 北京:北京邮电大学出版社,2015.1
ISBN 978-7-5635-4280-2

Ⅰ.①大… Ⅱ.①韩…②王… Ⅲ.①物理学—高等学校—教学参考资料 Ⅳ.①O4

中国版本图书馆 CIP 数据核字(2014)第 305938 号

书　　名	大学物理学习指导
主　　编	韩晓静　王运滨
责任编辑	刘国辉
出版发行	北京邮电大学出版社
社　　址	北京市海淀区西土城路 10 号(100876)
电话传真	010-82333010　62282185(发行部)　010-82333009　62283578(传真)
网　　址	www.buptpress3.com
电子信箱	ctrd@buptpress.com
经　　销	各地新华书店
印　　刷	北京泽宇印刷有限公司
开　　本	787 mm×960 mm　1/16
印　　张	14
字　　数	258 千字
版　　次	2015 年 1 月第 1 版　2015 年 1 月第 1 次印刷

ISBN 978-7-5635-4280-2　　　　　　　　　　　　　定价:31.00 元

如有质量问题请与发行部联系
版权所有　侵权必究

前 言

物理学是研究物质各层次的结构、相互作用与运动规律的学科,在高等学校教育中,占据相当重要的地位。通过大学物理的学习,不仅可以使学生具有必要的物理基础,使学生具有严谨、科学的思维方法,具有分析、解决问题的能力,同时,还为今后相关专业课的学习打下坚实的基础,对于今后的学习和研究工作都具有相当重要的意义。

本书编写的主旨就是辅助学生巩固课堂所学内容,掌握解题方法,提高解题速度,锻炼思维能力。

本书根据大学物理教学大纲的要求进行编写,主要分为六篇,共十六章,每一章中都配有教学要点、内容概要、例题赏析及习题选编四部分,书后配有习题答案。

"教学要点"部分的特点有:概括本章教学要求及重难点。

"内容概要"部分的特点有:概括本章中主要的教学内容,总结解题方法。

"例题赏析"部分的特点有:①涵盖教学大纲中要求的所有知识点,主要按类型进行分类,并附有详细的解析过程,旨在培养学生的解题方法及技巧;②部分例题不仅给出了不同的解题思路和方法,还对不同种方法进行了分析类比,从而帮助学生选择更适合自己的解题方法,提高自己的解题能力;③部分例题在题目后附有讨论,为学生拓展思维空间提供了便利条件。

"习题选编"部分的特点有:①考查知识点全面,从而帮助学生夯实基础;②体现教学重难点,有助于学生分清主次、掌握重难点;③部分习题有所创新。

本书在题目的安排上避免了物理学与实际生活脱节的现象,安排了部分与实际生活息息相关的物理题目,将理论知识联系到生产实际中。

本书的编者均是长期从事大学物理教学的一线教师,具有丰富的教学经验。本书是编者多年教学经验的结晶,适合高等学校教师及学生选用。本书由韩晓静、王运滨任主编,母继荣、王春晖、丁艳丽任副主编。由于编者水平和时间有限,书中难免有不妥之处,恳请读者批评指正。

编 者

2014 年 8 月

目 录

第1篇 力 学

第1章 质点运动学 1

教学要点 1

内容概要 2

例题赏析 3

习题选编 8

第2章 运动定律与守恒定律 11

教学要点 11

内容概要 11

例题赏析 13

习题选编 18

第3章 刚体力学 23

教学要点 23

内容概要 23

例题赏析 25

习题选编 32

第2篇 振动与波动

第1章 机械振动 37

教学要点 37

内容概要	37
例题赏析	38
习题选编	44

第2章 机械波 … 48

教学要点	48
内容概要	49
例题赏析	50
习题选编	56

第3篇 波动光学

第1章 光的干涉 … 62

教学要点	62
内容概要	62
例题赏析	64
习题选编	69

第2章 光的衍射 … 72

教学要点	72
内容概要	72
例题赏析	73
习题选编	76

第3章 光的偏振 … 79

教学要点	79
内容概要	79
例题赏析	80
习题选编	82

第4篇 热　　学

第1章 气体动理论 … 84

教学要点	84

内容概要 ··· 85
　　例题赏析 ··· 87
　　习题选编 ··· 93

第 2 章　热力学基础 ··· 96

　　教学要点 ··· 96
　　内容概要 ··· 96
　　例题赏析 ·· 100
　　习题选编 ·· 104

第 5 篇　电 磁 学

第 1 章　静电场 ··· 109

　　教学要点 ·· 109
　　内容概要 ·· 109
　　例题赏析 ·· 112
　　习题选编 ·· 124

第 2 章　导体与电介质 ·· 132

　　教学要点 ·· 132
　　内容概要 ·· 132
　　例题赏析 ·· 135
　　习题选编 ·· 140

第 3 章　稳恒磁场 ··· 144

　　教学要点 ·· 144
　　内容概要 ·· 145
　　例题赏析 ·· 146
　　习题选编 ·· 153

第 4 章　电磁场和电磁波 ··· 163

　　教学要点 ·· 163
　　内容概要 ·· 163
　　例题赏析 ·· 165

习题选编 …………………………………………………………… 172

第6篇 近代物理学

第1章 狭义相对论基础 …………………………………………… 180

教学要点 …………………………………………………………… 180
内容概要 …………………………………………………………… 180
例题赏析 …………………………………………………………… 182
习题选编 …………………………………………………………… 186

第2章 量子物理 ………………………………………………… 190

教学要点 …………………………………………………………… 190
内容概要 …………………………………………………………… 191
例题赏析 …………………………………………………………… 192
习题选编 …………………………………………………………… 197

习题答案 ……………………………………………………………… 200

第1篇 力 学

第1章 质点运动学

教 学 要 点

1. 教学要求

（1）了解质点这一模型及参照系的概念。

（2）理解运动方程的作用和意义，能够求解轨道方程并描述轨迹的形状和特点。

（3）掌握描述质点运动的位置矢量、位移、速度、加速度的定义以及矢量性、瞬时性、相对性，会根据运动方程求解以上各量。

（4）了解抛体运动、圆周运动的基本性质，掌握圆周运动的线量、角量描述。

（5）掌握运动学的两类问题。

（6）理解运动的相对性原理。

2. 教学重点

（1）轨迹方程的求法。

（2）对位置矢量、位移、速度、加速度的理解及求法。

（3）圆周运动的线量、角量的描述。

（4）运动学的两类问题。

3. 教学难点

（1）利用运动方程求解位移、速度、加速度。

（2）运动学的第二类问题。

（3）运动的相对性原理。

内 容 概 要

1. 参考系

在研究物体的运动时,首先需要选择一个物体作为参考,这个被选作参考的物体称为参考系。

2. 质点

一个理想的物理模型,如果所研究对象的形状、大小、内部结构对研究的问题无任何影响,或影响很小可以忽略,那么这个研究对象就可以视为一个忽略了形状、大小而有质量的点,即质点。

3. 位置矢量(位矢)

$$r = x\boldsymbol{i} + y\boldsymbol{j} + z\boldsymbol{k}$$

4. 运动方程

质点位置随时间的变化规律,即

$$r = r(t) = x(t)\boldsymbol{i} + y(t)\boldsymbol{j} + z(t)\boldsymbol{k}$$

5. 位移

$$\Delta r = \Delta x\boldsymbol{i} + \Delta y\boldsymbol{j} + \Delta z\boldsymbol{k} = (x_2 - x_1)\boldsymbol{i} + (y_2 - y_1)\boldsymbol{j} + (z_2 - z_1)\boldsymbol{k}$$

大小:$|\Delta r| = \sqrt{\Delta x^2 + \Delta y^2 + \Delta z^2}$。

6. 速度

平均速度 $\bar{\boldsymbol{v}} = \dfrac{\Delta \boldsymbol{r}}{\Delta t}$;瞬时速度 $\boldsymbol{v} = \dfrac{\mathrm{d}\boldsymbol{r}}{\mathrm{d}t}$;

直角坐标系中,$\boldsymbol{v} = v_x\boldsymbol{i} + v_y\boldsymbol{j} + v_z\boldsymbol{k} = \dfrac{\mathrm{d}x}{\mathrm{d}t}\boldsymbol{i} + \dfrac{\mathrm{d}y}{\mathrm{d}t}\boldsymbol{j} + \dfrac{\mathrm{d}z}{\mathrm{d}t}\boldsymbol{k}$;

自然坐标系中,$\boldsymbol{v} = v\boldsymbol{e}_t = \dfrac{\mathrm{d}s}{\mathrm{d}t}\boldsymbol{e}_t$;

速率:$v = |\boldsymbol{v}| = \dfrac{\mathrm{d}s}{\mathrm{d}t}$。

7. 加速度

平均加速度 $\bar{\boldsymbol{a}} = \dfrac{\Delta \boldsymbol{v}}{\Delta t}$;

瞬时加速度 $\boldsymbol{a} = \dfrac{\mathrm{d}\boldsymbol{v}}{\mathrm{d}t} = \dfrac{\mathrm{d}^2 \boldsymbol{r}}{\mathrm{d}t^2}$。

直角坐标系中,$\boldsymbol{a} = a_x\boldsymbol{i} + a_y\boldsymbol{j} + a_z\boldsymbol{k} = \dfrac{\mathrm{d}v_x}{\mathrm{d}t}\boldsymbol{i} + \dfrac{\mathrm{d}v_y}{\mathrm{d}t}\boldsymbol{j} + \dfrac{\mathrm{d}v_z}{\mathrm{d}t}\boldsymbol{k} = \dfrac{\mathrm{d}^2 x}{\mathrm{d}t^2}\boldsymbol{i} + \dfrac{\mathrm{d}^2 y}{\mathrm{d}t^2}\boldsymbol{j} + \dfrac{\mathrm{d}^2 z}{\mathrm{d}t^2}\boldsymbol{k}$;

第1篇 力 学

自然坐标系中，$a = a_t + a_n = \dfrac{\mathrm{d}v}{\mathrm{d}t}e_t + \dfrac{v^2}{\rho}e_n$。

8. 圆周运动

学习时，可与直线运动类比学习。

1）角量描述

角位移（可与位移类比学习）：$\Delta\theta = \theta_2 - \theta_1$

角速度（可与速度类比学习）：$\omega = \dfrac{\mathrm{d}\theta}{\mathrm{d}t}$

角加速度（可与加速度类比学习）：$\alpha = \dfrac{\mathrm{d}\omega}{\mathrm{d}t} = \dfrac{\mathrm{d}^2\theta}{\mathrm{d}t^2}$

2）线量与角量的关系

弧长：$\Delta s = R\Delta\theta$

线速度大小：$v = \dfrac{\mathrm{d}s}{\mathrm{d}t} = R\dfrac{\mathrm{d}\theta}{\mathrm{d}t} = R\omega$

切向加速度（方向为切线方向）大小：$a_t = \dfrac{\mathrm{d}v}{\mathrm{d}t} = R\dfrac{\mathrm{d}\omega}{\mathrm{d}t} = R\alpha$

法向角速度（方向为指向圆心）大小：$a_n = \dfrac{v^2}{R} = R\omega^2$

加速度：$a = a_t + a_n = a_t e_t + a_n e_n$

9. 相对运动

$$\text{绝对量} = \text{相对量} + \text{牵连量}$$
$$\Delta r = \Delta r' + \Delta r_0,\ v = v' + u$$

10. 运动学中的两类问题

(1) 已知 r，利用求导求 v 和 a。

(2) 已知 a，利用积分求 v 和 r。

例 题 赏 析

例 1-1-1 某质点的运动方程为 $r = r\sin\omega t i + r\cos\omega t j$，试求其轨道方程并描述其轨迹形状。

解析：由运动学方程
$$r = r\sin\omega t i + r\cos\omega t j$$
可知
$$\begin{cases} x = r\sin\omega t \\ y = r\cos\omega t \end{cases}$$

所以轨道方程为
$$x^2 + y^2 = r^2$$
显然该质点的运动轨迹为一个圆。

例 1-1-2 有一小游艇在湖面上行驶,若在湖面上建立直角坐标系,且该小游艇的运动学方程为 $\boldsymbol{r} = 3t\boldsymbol{i} + (5 - 27t^2)\boldsymbol{j}$,求轨道方程。

解析:由运动学方程
$$\boldsymbol{r} = 3t\boldsymbol{i} + (5 - 27t^2)\boldsymbol{j}$$
可知
$$\begin{cases} x = 3t \\ y = 5 - 27t^2 \end{cases}$$
所以
$$y = 5 - 27 \times \left(\frac{x}{3}\right)^2 = 5 - 3x^2$$

例 1-1-3 某质点的运动学方程为 $\boldsymbol{r} = 12t^2\boldsymbol{i} + (5 - 6t^2)\boldsymbol{j}$,试求:
① 质点的轨道方程;
② 从 $t = 1$ s 到 $t = 2$ s 的位移及大小;
③ $t = 1$ s 和 $t = 2$ s 两时刻的速度及速率;
④ $t = 1$ s 和 $t = 2$ s 两时刻的加速度大小。

解析:
① 由运动学方程
$$\boldsymbol{r} = 12t^2\boldsymbol{i} + (5 - 6t^2)\boldsymbol{j}$$
可知
$$\begin{cases} x = 12t^2 \\ y = 5 - 6t^2 \end{cases}$$
所以
$$x = 12 \times \left(\frac{5 - y}{6}\right) = 10 - 2y$$

② 因为
$$\Delta \boldsymbol{r} = \boldsymbol{r}_2 - \boldsymbol{r}_1$$
$$= [12 \times 2^2\boldsymbol{i} + (5 - 6 \times 2^2)\boldsymbol{j}] - [12 \times 1^2\boldsymbol{i} + (5 - 6 \times 1^2)\boldsymbol{j}]$$
$$= (36\boldsymbol{i} - 18\boldsymbol{j}) \text{ m}$$
所以
$$|\Delta \boldsymbol{r}| = \sqrt{36^2 + 18^2} = 18\sqrt{5} \text{ m}$$

③ 因为
$$v = \frac{dr}{dt} = 24ti - 12tj$$
所以速度
$$v_1 = (24i - 12j) \text{ m/s}, v_2 = (48i - 24j) \text{ m/s}$$
速率
$$v_1 = \sqrt{24^2 + 12^2} = 12\sqrt{5} \text{ m/s}, v_2 = \sqrt{48^2 + 24^2} = 24\sqrt{5} \text{ m/s}$$
④ 由
$$a = \frac{dv}{dt} = 24i - 12j$$
可知,$t=1$ s 和 $t=2$ s 两时刻的加速度大小
$$a = \sqrt{24^2 + 12^2} = 12\sqrt{5} \text{ m/s}^2$$

例 1-1-4 已知某质点的运动学方程为 $r = -16i + 15tj + 5t^2k$,当 $t=0$ 和 $t=1$ s 时,求:

① 质点速度的大小和方向;
② 质点加速度的大小和方向。

解析:
① 根据运动学方程
$$r = -16i + 15tj + 5t^2k$$
可知
$$v = \frac{dr}{dt} = \frac{dx}{dt}i + \frac{dy}{dt}j + \frac{dz}{dt}k = 15j + 10tk$$
所以
$$v = \sqrt{v_x^2 + v_y^2 + v_z^2} = \sqrt{225 + 100t^2}$$
$$\cos\alpha = 0, \cos\beta = \frac{15}{v}, \cos\gamma = \frac{10t}{v}$$
所以,当 $t=0$ s 时,
$$v = 15 \text{ m/s}, \cos\alpha = 0, \cos\beta = 1, \cos\gamma = 0$$
当 $t=1$ s 时,
$$v \approx 18.03 \text{ m/s}, \cos\alpha \approx 0, \cos\beta \approx 0.832, \cos\gamma \approx 0.555$$
② 因为
$$a = \frac{dv}{dt} = \frac{d^2r}{dt^2} = 10k$$

所以
$$a = 10 \text{ m/s}^2, \cos\alpha = 0, \cos\beta = 0, \cos\gamma = 1$$

例 1-1-5 如图 1-1 所示,高为 h 的平台上,有一质量为 m 的小车,用绳子跨过滑轮拉动小车,绳子一端 A 在地面上以匀速率 v_0 向右拉动,试求当绳子端点 A 距平台距离为 x 时,小车的速率和加速度的大小。

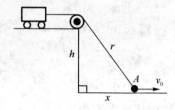

图 1-1 例题 1-1-5 图

解析: 由勾股定理可知,
$$r^2 = h^2 + x^2$$

两边同时对时间 t 求导,得
$$2r \frac{dr}{dt} = 2x \frac{dx}{dt}$$

则小车的速率为
$$v = \frac{x}{r} v_0 = \frac{x}{\sqrt{h^2 + x^2}} v_0$$

小车的加速度大小为
$$a = \frac{dv}{dt} = \frac{dv}{dx} \cdot \frac{dx}{dt} = \frac{v_0^2 h^2}{(h^2 + x^2)^{\frac{3}{2}}}$$

例 1-1-6 某电动机转子半径 $r = 0.1$ m,转子转过的角位移与时间的关系为 $\theta = 2 + 4t^3$,试求:

① 当 $t = 2$ s 时,边缘上一点的法向加速度和切向加速度的大小;

② 当 t 等于多少时,其合成加速度与半径成 45°角。

解析:

① 由
$$\theta = 2 + 4t^3$$

可知
$$\omega = \frac{d\theta}{dt} = 12t^2, \beta = \frac{d\omega}{dt} = 24t$$

所以
$$\omega(2) = 48 \text{ rad/s}, \beta(2) = 48 \text{ rad/s}^2$$
所以
$$a_t = r\beta = 4.8 \text{ m/s}^2, a_n = r\omega^2 = 230.4 \text{ m/s}^2$$

② 根据题意,可知 $a_t = a_n$,所以
$$24rt = 144rt^4$$
解得
$$t \approx 0.55 \text{ s}$$

例 1-1-7 一质点做圆周运动,若 $R = 1$ m,$v = 3t^2 + 1$,则当 t 从 0 变化到 1 s 时,试求质点对圆心转过的角度和通过的路程。

解析:将 $\omega = \dfrac{\mathrm{d}\theta}{\mathrm{d}t}$ 变形为 $\mathrm{d}\theta = \omega \mathrm{d}t = \dfrac{v}{R}\mathrm{d}t$。将上式进行积分,可得

$$\theta = \int_0^\theta \mathrm{d}\theta = \int_0^1 (3t^2 + 1)\mathrm{d}t = 2 \text{ rad}$$
$$s = R\theta = 2 \text{ rad}$$

例 1-1-8 一质点由静止开始做直线运动,初始加速度为 4 m/s^2,以后加速度均匀增加,每经过 2 s 增加 4 m/s^2,求经过 3 s 后质点的速度和运动的距离。

解析:根据题意,知
$$a = 4 + \frac{4}{2}t = 4 + 2t$$

将 $a = \dfrac{\mathrm{d}v}{\mathrm{d}t}$ 变形为 $\mathrm{d}v = a\mathrm{d}t$。两边同时积分,得

$$\int_0^v \mathrm{d}v = \int_0^t a\mathrm{d}t = \int_0^t (4 + 2t)\mathrm{d}t$$

所以
$$v = 4t + t^2$$

所以
$$v_3 = 21 \text{ m/s}$$

将 $v = \dfrac{\mathrm{d}r}{\mathrm{d}t}$ 变形为 $\mathrm{d}r = v\mathrm{d}t$。两边同时积分,得

$$\int_0^x \mathrm{d}r = \int_0^t v\mathrm{d}t = \int_0^t (4t + t^2)\mathrm{d}t$$

所以
$$r = 2t^2 + \frac{1}{3}t^3$$

所以
$$r_3 = 27 \text{ m}$$

习题选编

1. 选择题

(1) 关于速度与加速度关系的说法,正确的是( )。

A. 物体的速度越大,加速度就越大

B. 物体的速度变化量越大,加速度就越大

C. 物体的速度变化率越大,加速度就越大

D. 物体的速度为零时,加速度就一定为零

(2) 若一质点沿 x 轴运动的规律是 $x = 2t^2 - 8t + 12$,则前 3 s 内( )。

A. 位移是 10 m,路程是 −6 m　　　B. 位移是 −6 m,路程是 10 m

C. 位移和路程都是 −6 m　　　　　D. 位移和路程都是 10 m

(3) 质点沿轨道 AB 做曲线运动,速率逐渐减小,下图中正确地表示质点在 C 处加速度的是( )。

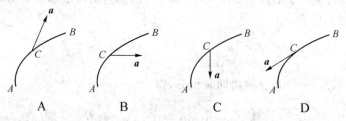

(4) 一质点在平面上的运动方程为 $r = 2t^2 i + 3t^2 j$,则该质点做( )。

A. 匀速直线运动　　　　　　　　B. 变速直线运动

C. 抛物线运动　　　　　　　　　D. 一般曲线运动

(5) 沿直线运动的物体,其速度与时间成反比,则其加速度的大小与速度的关系是( )。

A. 与速度的大小成正比　　　　　B. 与速度大小的平方成正比

C. 与速度的大小成反比　　　　　D. 与速度大小的平方成反比

(6) 质点沿某一轨迹运动,关于速度 v 和加速度 a,下列说法正确的是( )。

A. 若通过某点时的 $v = 0$,则 $a = 0$

B. 若通过某点时的 $a = 0$,则 $v = 0$

C. 在整个过程中 v 是常数,则 $a = 0$

D. 在整个过程中 v 是常数,则切向加速度 $a_t = 0$

(7) 一质点的运动方程为 $r = 2\sin 3t i - 3\cos 3t j$,则( )。
A. 质点的运动轨迹为一椭圆　　　　B. 质点运动速度不变
C. 质点运动加速度不变　　　　　　D. 质点的运动轨迹为一直线

(8) 一小球沿斜面向上运动,其运动方程为 $s = 18 + 4t - t^2$,则小球运动到最高点的时刻是( )。
A. $t = 4$ s　　　　B. $t = 2$ s　　　　C. $t = 8$ s　　　　D. $t = 5$ s

(9) 一质点沿 x 轴运动,其运动方程为 $x = 3t^2 - 2t^3$,当质点的加速度为零时,则 v 的大小为( )。
A. 1.5 m/s　　　　B. 1.0 m/s　　　　C. 2.0 m/s　　　　D. 3.5 m/s

2. 填空题

(1) 已知一质点的运动方程为 $r = 8\cos 2\omega t i - 10\sin 2\omega t j$,则其加速度为_____。

(2) 一物体在某瞬时,以初速度 v_0 从某点开始运动,在 Δt 时间内,经一长度为 s 的曲线路径后,又回到出发点,此时速度为 $-v_0$,则在这段时间内,物体的平均速率为_____,物体的平均加速度为_____。

(3) 一质点做抛体运动,当其运动到最高点时的法向加速度等于_____,如果此时质点的速率为 v,则该点的曲率半径等于_____。

(4) 一质点做半径为 0.1 m 的圆周运动,运动方程为 $\theta = 3 + 2t^2$,则当 $t = 2$ s 时,该质点法向加速度的大小为_____,角加速度的大小为_____。

(5) 质点做半径为 0.3 m 的圆周运动的大小,运动方程为 $s = \pi t^2 + \pi t$,则 $t = 2$ s 时,质点的角位移为_____,速率为_____,切向加速度的大小为_____。

(6) 一质点沿 x 轴方向运动,其加速度随时间变化关系为 $a = 2 + 2t$,若初始时质点的速度为 4 m/s,则当 $t = 4$ s 时,质点的速度为_____。

(7) 一个在 xOy 平面内运动的质点的速度为 $v = (2i - 8t j)$ m/s,若 $t = 0$ 时,它通过 (3, -7) 位置处,这质点任意时刻的位置矢量为_____。

(8) 一质点从静止出发,做半径 $R = 1$ m 的圆周运动,其角加速度大小满足 $\beta = 12t^2 - 6t$,则 $t = 1$ s 时,质点的角速度大小为_____,切向加速度大小为_____。

(9) 绕定轴转动的飞轮均匀地减速,$t = 0$ 时,角速度 $\omega_0 = 5$ rad/s;$t = 20$ s 时,角速度 $\omega = 0.8\omega_0$。则飞轮的角加速度 $\beta = $_____,$t = 0$ 到 $t = 100$ s 时,飞轮转过的角度 $\theta = $_____。

3. 计算题

(1) 已知一质点的运动方程为 $r = 2t i + (2 - t^2) j$,试求:

① 质点的运动轨迹;
② $t=1$ s 时,质点的位矢;
③ 1 s 末的速度和加速度。

(2) 已知质点的运动方程为 $\begin{cases} x=R\cos(\omega t^2) \\ y=R\sin(\omega t^2) \end{cases}$,其中,$R$、$\omega$ 均为常数。试求:

① 轨道方程;
② 任意时刻的速度;
③ 切向加速度和法向加速度的大小。

(3) 已知一质点做圆周运动,轨道半径为 $R=0.5$ m,以角量表示的运动方程为 $\theta=10\pi t+\dfrac{\pi t^2}{2}$。试求:

① 第 2 s 末的角速度和角加速度的大小;
② 第 2 s 末的切向加速度和法向加速度的大小。

(4) 已知一质点从原点由静止出发,它的加速度在 x 轴和 y 轴上的分量分别为 $a_x=2$ m/s^2 和 $a_y=3t$ m/s^2,试求 $t=2$ s 时质点的速度和位置。

(5) 一质点做平面运动,加速度为 $a_x=-2\cos t$ m/s^2,$a_y=-3\sin t$ m/s^2,若 $t=0$ 时,$v_{0x}=0$,$v_{0y}=3$ m/s,$x_0=2$ m,$y_0=3$ m。试求该质点的轨迹方程。

第2章 运动定律与守恒定律

教 学 要 点

1. 教学要求

(1) 掌握牛顿三定理及其适用条件,会用隔离法对质点进行受力分析并解题。
(2) 能用微积分的方法处理一维变力作用下简单的质点动力学问题。
(3) 理解功的概念,能计算直线运动情况下变力的功。
(4) 掌握动量定理、动量守恒定律。
(5) 掌握动能定理、功能原理、机械能守恒定律。
(6) 理解以伽利略变换为代表的力学相对性原理。

2. 教学重点

(1) 牛顿定律的应用。
(2) 变力的功的求法。
(3) 变力的功分别与动能定理或功能原理相结合。

3. 教学难点

(1) 变力的功的求法。
(2) 变力的功分别与动能定理或功能原理相结合。

内 容 概 要

1. 牛顿运动定律

牛顿第一定律指出,任何物体都有惯性,力是改变物体运动状态的原因。牛顿第一定律也叫惯性定律。

牛顿第二定律的微分形式:$\boldsymbol{F}=m\boldsymbol{a}=m\dfrac{\mathrm{d}\boldsymbol{v}}{\mathrm{d}t}=\dfrac{\mathrm{d}\boldsymbol{P}}{\mathrm{d}t}$。

在直角坐标系中,其矢量式为

$$\boldsymbol{F} = F_x\boldsymbol{i} + F_y\boldsymbol{j} + F_z\boldsymbol{k} = ma_x\boldsymbol{i} + ma_y\boldsymbol{j} + ma_z\boldsymbol{k}$$

可进一步写成
$$\begin{cases} F_x = \sum_{i=1}^{n} F_{ix} = ma_x = m\dfrac{dv_x}{dt} = m\dfrac{d^2 x}{dt^2} \\ F_y = \sum_{i=1}^{n} F_{iy} = ma_y = m\dfrac{dv_y}{dt} = m\dfrac{d^2 y}{dt^2} \\ F_z = \sum_{i=1}^{n} F_{iz} = ma_z = m\dfrac{dv_z}{dt} = m\dfrac{d^2 z}{dt^2} \end{cases}$$

在自然坐标系中,可进一步写成

$$\boldsymbol{F} = \boldsymbol{F}_t + \boldsymbol{F}_n = ma_t + ma_n = m\dfrac{dv}{dt}\boldsymbol{e}_t + m\dfrac{v^2}{\rho}\boldsymbol{e}_n$$

牛顿第三定律也成为作用力和反作用力定律,学习时应注意作用力和反作用力是分别作用在两个物体上的,因此不能相互抵消。

2. 利用牛顿定律解题的基本思路

①认物体,②看运动,③查受力,④列方程,⑤解方程。

3. 质点的动量定理

$$\boldsymbol{I} = \int_{t_1}^{t_2} \boldsymbol{F} dt = \boldsymbol{P}_2 - \boldsymbol{P}_1 = m\boldsymbol{v}_2 - m\boldsymbol{v}_1$$

在直角坐标系中,其分量式为
$$\begin{cases} I_x = \int_{t_1}^{t_2} F_x dt = mv_{2x} - mv_{1x} \\ I_y = \int_{t_1}^{t_2} F_y dt = mv_{2y} - mv_{1y} \\ I_z = \int_{t_1}^{t_2} F_z dt = mv_{2z} - mv_{1z} \end{cases}$$

质点系的动量定理 $\displaystyle\int_{t_1}^{t_2} \sum_{i=1}^{n} \boldsymbol{F}_{i\text{外}} dt = \sum_{i=1}^{n} m_i \boldsymbol{v}_{i2} - \sum_{i=1}^{n} m_i \boldsymbol{v}_{i1}$

4. 动量守恒定律

合外力 $\displaystyle\sum_{i=1}^{n} \boldsymbol{F}_{i\text{外}}$ 为零时,系统的总动量 $\boldsymbol{P}$ 保持不变。

5. 功

$$W = \int_a^b dW = \int_a^b \boldsymbol{F} \cdot d\boldsymbol{r} = \int_a^b F\cos\theta dr$$

即力的功等于力 $\boldsymbol{F}$ 与该力作用下质点的位移 $d\boldsymbol{r}$ 的标记之和。

6. 功率

$$P = \frac{dW}{dt} = \frac{\boldsymbol{F} \cdot d\boldsymbol{r}}{dt} = \boldsymbol{F} \cdot \boldsymbol{v}$$

7. 质点的动能定理

$$W = \Delta E_k = \frac{1}{2}mv_2^2 - \frac{1}{2}mv_1^2$$

即合外力对质点做的总功,等于质点动能的增量。

8. 质点系的动能定理

$$W_{外} + W_{内} = \Delta E_k$$

即系统内力与外力做功之和,等于系统动能的增量。

9. 保守力

保守力是做功大小与物体始末位置无关的力,如重力、万用引力、弹力、静电场力等。保守力做的功等于势能增量的负值。

10. 非保守力

非保守力是做功大小与物体始末位置有关的力,如摩擦力等。

11. 功能原理

$$W_{外} + W_{非保内} = \Delta E_k + \Delta E_P = \Delta E$$

即系统的合外力与非保守内力做功之和等于系统机械能的增量。

12. 机械能守恒定律

系统的合外力与非保守内力做功之和为零时,或只有系统的保守内力做功时,系统机械能守恒。

13. 能量守恒定律

在孤立系统内,无论经历怎样的变换,系统的总能量保持不变。

例 题 赏 析

例 1-2-1 已知一作用力作用在一质量为 4 kg 的质点上。若质点位置满足 $x = 4t - 5t^2 + 2t^3$,试求:

① 从 1 s 到 2 s 的时间内,该力所做的功;

② $t = 2$ s 时,该力对质点的瞬时功率。

解析:

① 根据

$$x = 4t - 5t^2 + 2t^3$$

可知
$$v = \frac{dx}{dt} = 4 - 10t + 6t^2$$
所以当 $t=1$ s 时,
$$v_1 = 4 - 10 + 6 = 0$$
当 $t=2$ s 时,
$$v_2 = 4 - 10 \times 2 + 6 \times 2^2 = 8 \text{ m/s}$$
所以该力所做的功为
$$W = \frac{1}{2}mv_2^2 - \frac{1}{2}mv_1^2 = 128 \text{ J}$$

② 根据
$$a = \frac{dv}{dt} = -10 + 12t$$
可得,当 $t=2$ s 时,
$$a = -10 + 12 \times 2 = 14 \text{ m/s}^2$$
所以该力对质点的瞬时功率
$$P = Fv = mav = 4 \times 14 \times 8 = 448 \text{ W}$$

注意,在①问中,也可这样求从 1 s 到 2 s 的时间内,力所做的功。根据功的定义,可知
$$dW = Fdx = ma\,dx = (-40 + 48t)dx$$
又
$$dx = vdt = (4 - 10t + 6t^2)dt$$
代入上式,得
$$\begin{aligned}dW &= Fdx \\ &= ma\,dx \\ &= (-40 + 48t)(4 - 10t + 6t^2)dt \\ &= (-160 + 592t - 720t^2 + 288t^3)dt\end{aligned}$$
所以,力所做的功为 $W = \int dW = \int_1^2 (-160 + 592t - 720t^2 + 288t^3)dt = 128$ J

显然没有应用动能定理简单。所以,解题前一定要注意思考,哪种方法更为巧妙。

例 1-2-2 有一变力 $\boldsymbol{F} = (-3 + 2xy)\boldsymbol{i} + (9x + y^2)\boldsymbol{j}$,作用于一可视为质点的物体上,物体运动的路径如图 1-2 所示,试求沿下述路径,该力对物体所做的功。

①OP;②OAP;③OBP。

解析:根据功的定义,可知
$$dW = \boldsymbol{F} \cdot d\boldsymbol{r}$$
$$= F_x dx + F_y dy$$
$$= (-3 + 2xy)dx + (9x + y^2)dy$$

① OP 的直线方程为 $y = \frac{3}{2}x$,将其代入上式,得
$$dW = (-3 + 3x^2)dx + (6y + y^2)dy$$

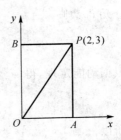

图 1-2 例题 1-2-2 图

进一步可得
$$W_{OP} = \int dW_{OP}$$
$$= \int_0^2 (-3 + 3x^2)dx + \int_0^3 (6y + y^2)dy$$
$$= 38 \text{ J}$$

② OA 的直线方程为 $y = 0$,而在 OA 段,F_y 不做功,所以
$$W_{OA} = \int_0^2 -3dx = -6 \text{ J}$$

在 AP 段 F_x 不做功,且 $x = 2$,所以
$$W_{AP} = \int_0^3 (18 + y^2)dy = 63 \text{ J}$$

所以
$$W_{OAP} = W_{OA} + W_{AP} = 57 \text{ J}$$

③ 同理,
$$W_{OB} = \int_0^3 y^2 dy = 9 \text{ J}$$
$$W_{BP} = \int_0^2 (-3 + 6x)dx = 6 \text{ J}$$

所以
$$W_{OBP} = W_{OB} + W_{BP} = 15 \text{ J}$$

例 1-2-3 如图 1-3 所示,一根长为 l,质量为 m 的均匀链条,放在光滑的桌面上,若其长度的五分之一悬挂在桌边下方,在重力作用下开始下落,试求链条另一端恰好离开桌面时链条的速率。

解析:在链条下落过程中,只有重力做功。以桌角为坐标原点 O,向下建立 x 轴。在距离 O 点为 x 处取一微

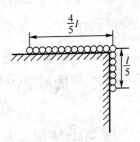

图 1-3 例题 1-2-3 图

分元 dx,则

$$W = \int_{\frac{l}{5}}^{l} \frac{mg}{l} x \, dx = \frac{12mgl}{25}$$

根据动能定理,得

$$\frac{12mgl}{25} = \frac{1}{2}mv^2 - 0$$

所以

$$v = \frac{2}{5}\sqrt{6gl}$$

例 1-2-4 质量为 $M=0.98$ kg 的木块静置于光滑水平面上。一颗质量为 $m=0.02$ kg 的子弹以速率 $v_0=800$ m/s 沿水平方向射入并陷于木块中,然后与木块一起运动。

试求:

① 子弹克服阻力所做的功;
② 子弹对木块的作用力对木块所做的功;
③ 耗散的机械能;
④ 木块受到的冲量。

解析:

① 把子弹和木块看作一个系统,由于水平方向无外力作用,故该方向上系统动量守恒。所以

$$m\boldsymbol{v}_0 + 0 = (M+m)\boldsymbol{v}$$

则

$$\boldsymbol{v} = \frac{m}{M+m}\boldsymbol{v}_0 = 16 \text{ m/s}$$

所以阻力对子弹所做的功为

$$W = \frac{1}{2}mv^2 - \frac{1}{2}mv_0^2 = -6\,397.44 \text{ J}$$

显然,子弹克服阻力所做的功为 $6\,397.44$ J。

② 子弹对木块的作用力对木块所做的功为

$$W = \frac{1}{2}Mv^2 - 0 \approx 125.44 \text{ J}$$

③ 耗散的机械能为

$$\Delta E = \frac{1}{2}(M+m)v^2 - \frac{1}{2}mv_0^2 = -6\,272 \text{ J}$$

④ 由动量定理,可知
$$I = Mv - 0 = 15.68 \text{ N} \cdot \text{s}$$

例 1-2-5 一辆装煤车,以 2.5 m/s 的速率从煤斗下面通过,煤车通过煤斗以每秒 4×10^3 kg 的速率将煤铅直注入车厢,如果车厢的速率保持不变,车厢与钢轨间的摩擦忽略不计,求牵引力的大小。

解析:

(解法一)设系统由煤车 m 与 $t \sim t + \Delta t$ 时间内注入的煤的质量 dm 组成,其在水平方向上只受牵引力的作用。作用前系统在水平方向上的动量为:煤车 mv;煤 0 (dm 竖直下落无水平速度)。作用后系统在水平方向上的动量为 $(m + dm)v$。根据动量定理,得

$$F dt = (m + dm)v - mv = v dm$$

$$F = v \frac{dm}{dt} = 2.5 \times 4 \times 10^3 = 1 \times 10^4 \text{ N}$$

(解法二)选煤车为研究对象,在牵引力的作用下,煤车的动量发生变化,因煤车是速率不变,那么动量的变化就体现为煤车的质量在变化,故此为变质量问题。运用牛顿定律有如下形式:

$$F = \frac{d(mv)}{dt} = m \frac{dv}{dt} + v \frac{dm}{dt}$$

因为

$$\frac{dv}{dt} = 0$$

所以

$$F = v \frac{dm}{dt} = 2.5 \times 4 \times 10^3 = 1 \times 10^4 \text{ N}$$

例 1-2-6 由水平桌面、光滑铅直杆、不可伸长的轻绳、轻弹簧、理想滑轮以及质量为 m_1 和 m_2 的滑轮组成如图 1-4 所示装置,弹簧的倔强系数为 k,自然长度等于水平距离 BC,m_2 与桌面间的摩擦系数为 μ,最初 m_1 静止于 A 点,$AB = BC = h$,绳已拉直,现令滑块 m_1 落下,求它下落到 B 处时的速率。

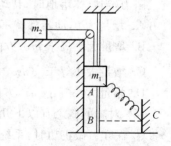

图 1-4 习题 1-2-6 图

解析:考虑利用功能原理求解。

取 B 点为重力势能零点。根据功能原理,有

$$-\mu m_2 gh = \frac{1}{2}(m_1 + m_2)v^2 - \left[m_1 gh + \frac{1}{2}k(\Delta l)^2\right]$$

其中，Δl 为弹簧在 A 点时的伸长量，则

$$\Delta l = \overline{AC} - \overline{BC} = (\sqrt{2}-1)h$$

将两式联立，解得

$$v = \sqrt{\frac{2(m_1 - \mu m_2)gh + kh^2(\sqrt{2}-1)^2}{m_1 + m_2}}$$

习 题 选 编

1. 选择题

（1）一轻绳跨过一定滑轮，两端各系一重物，它们的质量分别为 m_A 和 m_B，且 $m_A > m_B$（滑轮质量及一切摩擦均不计），现用一竖直向下的恒力 $F = m_A g$ 代替 m_A，则系统的加速度将（　　）。

　　A. 不变　　　　　　　　　　　　B. 变大

　　C. 变小　　　　　　　　　　　　D. 条件不足，无法确定

（2）在系统不受外力作用的非弹性碰撞过程中（　　）。

　　A. 动能和动量都守恒　　　　　　B. 动能和动量都不守恒

　　C. 动能不守恒、动量守恒　　　　D. 动能守恒、动量不守恒

（3）一原来静止的小球受到互相垂直的两个力 F_1 和 F_2 的作用，设力作用的时间为 3 s，则小球获得速度最大的是（　　）。

　　A. $F_1 = 6$ N，$F_2 = 0$　　　　　　B. $F_1 = F_2 = 8$ N

　　C. $F_1 = 0$，$F_2 = 6$ N　　　　　　D. $F_1 = 6$ N，$F_2 = 8$ N

（4）一个质量为 m 的物体以初速 v，抛射角 $\theta = 30°$ 从地面斜向上抛出。若不计空气阻力，当物体落地时，其动量增量的大小和方向为（　　）。

　　A. 增量为 0，动量保持不变

　　B. 增量大小等于 mv，方向竖直向上

　　C. 增量大小等于 $\sqrt{3}mv$，方向竖直向下

　　D. 增量大小等于 mv，方向竖直向下

（5）对功的概念有以下几种说法，正确的是（　　）。

① 保守力做正功时，系统内相应的势能增加；

② 质点运动经一闭合路径，保守力对质点做的功为零；

③ 作用力和反作用力大小相等、方向相反，所以两者所做功的代数和必为零。

　　A. ①、②　　　　B. ②、③　　　　C. ②　　　　D. ③

(6) 如图 1-5 所示,绳子刚被剪断瞬间,A、B 两物体的加速度分别为(　　)。

A. $a_A = g, a_B = g$ B. $a_A = g, a_B = 2g$

C. $a_A = 2g, a_B = 0$ D. $a_A = g, a_B = 0$

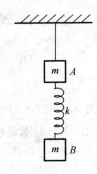

图 1-5　习题 1(6)图

(7) 沿半球形碗的光滑内面上,质量为 m 的小球正以角速度 ω 在一水平面内做匀速圆周运动,碗的半径为 R,如图 1-6 所示,则该小球做圆周运动的水平面离碗底的高度 H 为(　　)。

A. $R - \dfrac{g}{\omega^2}$　　　　　B. $R - \dfrac{\omega^2}{g}$

C. $R - g\omega^2$　　　　　D. $g\omega^2 - R$

图 1-6　习题 1(7)图

(8) 一弹簧原长为 30 cm,倔强系数为 20 N/m,上端固定在天花板上,下端悬挂一盘时,长度变为 50 cm,然后在盘中放一物体,使弹簧长度变为 90 cm,则放物体后,弹簧在伸长过程中弹性力所做的功为(　　)。

A. -3.2 J B. 3.2 J

C. 5.6 J D. -5.6 J

(9) 有一质量 $m = 0.1$ kg 的质点,在 xOy 平面内运动,其运动方程为 $\boldsymbol{r} = (5t + 3t^2)\boldsymbol{i} + 2t^3\boldsymbol{j}$,在 $t = 0 \sim 1$ s 这段时间内,外力对质点所做的功为(　　)。

A. 5.4 J B. 6.6 J

C. 7.8 J D. 4.5 J

(10) 质量为 m 的人，抓住一根用绳吊在天花板上的质量为 M 的直杆，绳子突然断开，人沿杆子竖直向上爬，以保持它距离地面的高度不变，则此时直杆下落的加速度为(　　)。

A. g　　　　　　　　　　B. $\dfrac{mg}{M}$

C. $\dfrac{(M+m)g}{M}$　　　　D. $\dfrac{(M+m)g}{2M}$

2. 填空题

(1) 已知有一质点，其初速度为 $v_0=(2i+3j)$ m/s，质量为 $m=0.04$ kg，受到冲量 $I=(1.6i+3.2j)$ N·s 的作用，则它的末速度为_____。

(2) 如图 1-7 所示，质量为 $m=1$ kg 的物体，从静止开始沿半径为 $R=0.1$ m 的 $\dfrac{1}{4}$ 圆周的曲线轨道从 A 滑到 B，在 B 处的速率为 $v=2$ m/s，则物体从 A 滑到 B 的过程中，摩擦力做的功为_____(g 取 10 m/s²)。

图 1-7　习题 2(2)图

(3) 设质量为 $m=1$ kg 的小球挂在 $\theta=30°$ 的光滑斜面上。当斜面以加速度 $a=\sqrt{3}$ m/s² 沿如图 1-8 所示的方向运动时，绳子的张力是_____，当斜面的加速度至少为_____时，小球将脱离斜面(g 取 10 m/s²)。

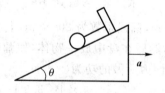

图 1-8　习题 2(3)图

(4) 某工地施工，工人从 8 m 深的坑中提沙，开始桶中装有 8 kg 的沙子，由于桶有裂缝，每升高 5 m，漏去 1 kg 的沙子，如果桶被匀速地从坑底提到坑口，人所做的功为_____(g 取 10 m/s²)。

(5) 一质点在外力的作用下，由静止开始运动，若在同一时间间隔内，该力做的功为 9 J,冲量为 6 N·s,则该质点的质量为_____。

(6) 如图 1-9 所示,斜面质量为 m_1,滑块质量为 m_2,m_1 与 m_2 之间、m_1 与平面间均无摩擦,用水平力 F 推斜面,则斜面倾角 α =_____时,m_1 和 m_2 相对静止。

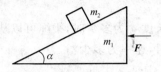

图 1-9　习题 2(6)图

(7) 质量为 m 的粒子受到沿 x 轴方向的力 $F = (3 + 0.5x)$ N,则当粒子从 $x = 0$ 运动到 $x = 4$ m 时,力所做的功为_____。

3. 计算题

(1) 如图 1-10 所示,有一弹簧放置在水平桌面上,一端固定,另一端连接一质量为 m 的物体,物体与桌面间的摩擦系数为 μ,已知弹簧倔强系数为 k,当弹簧为原长时,物体具有速度 v,试求物体移动距离 s 的最大值。

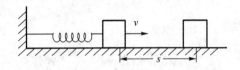

图 1-10　习题 3(1)图

(2) 如图 1-11 所示,有一摆长为 l 的摆锤,使其从角 θ 的位置从静止开始释放,在铅直线上距悬点 O 为 x 处有一小钉,摆可以绕此小钉做圆周运动,试求当摆锤运动到与铅直方向成 β 角时的速度。

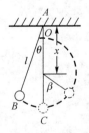

图 1-11　习题 3(2)图

(3) 一木块从高为 1 m,倾角为 60°的斜面顶端由静止开始下滑,滑到底部后,又在水平面上滑行 1 m,然后冲上另一倾角为 30°的斜面,若在整个运动过程中,所有的滑动摩擦系数均为 0.3,试问它能冲多高?

(4) 某弹簧的弹力 F 与伸长量 x 满足关系式 $F=60x+30x^2$,若将弹簧从定长 $x_1=20$ cm 拉伸到定长 $x_2=80$ cm 时,则外力所做的功为多少?

(5) 如图 1-12 所示,已知一柔绳的质量为 m,长为 l,与桌面间的摩擦系数为 μ,问:

① 当下垂柔绳部分的长度 a 为多少时,柔绳可以从静止开始下滑?

② 柔绳全部离开桌面时,速率为多少?

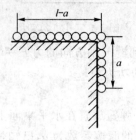

图 1-12　习题 3(5)图

第 3 章 刚 体 力 学

教 学 要 点

1. 教学要求

（1）了解刚体的质心概念及质心位置的计算，理解角位移、角速度和角加速度的概念。

（2）掌握线量和角量的关系以及刚体做匀速转动的公式。

（3）能熟练地计算刚体上各点的速度、切向加速度和法向加速度。

（4）掌握力矩和转动惯量的物理意义，会使用平行轴定理，能够计算一些刚体模型的转动惯量，掌握转动定律并能运用转动定律解题。

（5）理解角动量的概念，掌握质点和刚体的角动量定理和角动量守恒定律。

（6）掌握力矩的功和刚体的转动动能的概念，并能熟练运用刚体定轴转动的动能定理和机械能守恒定律。

2. 教学重点

（1）刚体转动定律及其应用。

（2）刚体角动量守恒定律及其应用。

3. 教学难点

（1）刚体质心位置的计算。

（2）刚体转动惯量的计算。

（3）刚体转动定律及其应用。

（4）刚体角动量守恒定律及其应用。

内 容 概 要

（1）本章可采用类比学习法，即将质点运动学中的公式与刚体力学中的公式类比学习,容易记忆,具体如下所示。

质点运动学(标量式) | 刚体定轴转动

位移 $|\Delta r|$ | 角位移 $\Delta\theta$

速度 $v=\dfrac{\mathrm{d}r}{\mathrm{d}t}$ | 角速度 $\omega=\dfrac{\mathrm{d}\theta}{\mathrm{d}t}$

加速度 $a=\dfrac{\mathrm{d}v}{\mathrm{d}t}=\dfrac{\mathrm{d}^2 r}{\mathrm{d}t^2}$ | 角加速度 $\alpha=\dfrac{\mathrm{d}\omega}{\mathrm{d}t}=\dfrac{\mathrm{d}^2\theta}{\mathrm{d}t^2}$

力 F | 力矩 M

质量 m | 转动惯量 J

牛顿第二定律 $F=ma$ | 转动定律 $M=J\beta$

力的功 $W=\int \mathrm{d}W = \int \boldsymbol{F}\cdot \mathrm{d}\boldsymbol{r}$ | 力矩的功 $W=\int \mathrm{d}W = \int M\mathrm{d}\theta$

平动动能 $\dfrac{1}{2}mv^2$ | 转动动能 $\dfrac{1}{2}J\omega^2$

动能定理 $\int \boldsymbol{F}\cdot \mathrm{d}\boldsymbol{r}=\dfrac{1}{2}mv^2-\dfrac{1}{2}mv_0^2$ | 转动动能定理 $\int M\mathrm{d}\theta=\dfrac{1}{2}J\omega^2-\dfrac{1}{2}J\omega_0^2$

冲量 $\int F\mathrm{d}t$ | 冲量矩 $\int M\mathrm{d}t$

动量 $p=mv$ | 角动量 $L=J\omega$

动量定理 $\int F\mathrm{d}t=mv-mv_0$ | 角动量定理 $\int M\mathrm{d}t=J\omega-J\omega_0$

动量守恒定律:当合外力为 0 时,动量为恒矢量 | 角动量守恒定律:当合外力矩为 0 时,角动量为恒矢量

在匀加速直线运动中,有:
$$v=v_0+at$$
$$v^2-v_0^2=2a(r-r_0)$$
$$r-r_0=v_0 t+\dfrac{1}{2}at^2$$

在匀角加速运动中,有:
$$\omega=\omega_0+\beta t$$
$$\omega^2-\omega_0^2=2\beta(\theta-\theta_0)$$
$$\theta-\theta_0=\omega_0 t+\dfrac{1}{2}\beta t^2$$

(2) 本章中出现的线角关系有:$v=\omega r, a_n=\omega^2 r, a_t=r\beta$。

(3) 本章中常用的转动惯量有:细棒 $J=\dfrac{1}{12}ml^2$(轴在中心)和 $J=\dfrac{1}{3}ml^2$(轴在端点);圆环 $J=mr^2$;圆盘 $J=\dfrac{1}{2}mr^2$。合转动惯量等于各分转动惯量之和。

(4) 本章中重点题型:

① 定滑轮悬挂重物题型的解决方案:牛顿第二定律(有几个重物列几次);牛

顿第三定律(有几个重物列几次);针对定滑轮,将力矩定义式 $M=rF\sin\alpha$($\sin\alpha$ 常取 1)与转动定律 $M=J\beta$ 相结合;线角关系 $a=r\beta$;

② 应用角动量守恒定律解题,其中用到的公式有:$L=J\omega$ 和 $L=rmv\sin\alpha$($\sin\alpha$ 常取 1)。

例 题 赏 析

例 1-3-1 一半径 $R=0.5$ m 的飞轮,以每分钟 1 200 转的速度,绕垂直盘面过圆心的定轴转动,受到制动后均匀地减速,经过 $t=40$ s 后静止。试求:

① 角加速度的大小;
② 飞轮从制动开始到静止转过的转数 N;
③ 制动开始后,$t=20$ s 时,飞轮的角速度的大小;
④ $t=20$ s 时,飞轮边缘上一点的速度的大小和加速度。

解析:

① 初角速度

$$\omega_0 = 2\pi n = 2\pi \times \frac{1\ 200}{60} = 40\pi\ \text{rad/s}$$

末角速度

$$\omega = 0$$

根据刚体做匀角加速转动时的运动学关系式,可知

$$\beta = \frac{\omega - \omega_0}{t} = \frac{-40\pi}{40} = -\pi\ \text{rad/s}^2$$

② 根据刚体做匀角加速转动时的运动学关系式,可知飞轮从制动开始到静止转过的角度

$$\theta = \omega_0 t + \frac{1}{2}\beta t^2 = 40\pi \times 40 + \frac{1}{2} \times (-\pi) \times 40^2 = 800\pi\ \text{rad}$$

飞轮转过的转数为

$$N = \frac{\theta}{2\pi} = \frac{800\pi}{2\pi} = 40$$

③ 根据刚体做匀角加速转动时的运动学关系式,可知

$$\omega = \omega_0 + \beta t = 40\pi - \pi \times 20 = 20\pi\ \text{rad/s}$$

④ 根据线角关系,得

$$v = \omega_t R = 20\pi \times 0.5 = 10\pi\ \text{m/s}$$

该点切向加速度

$$a_t = R\beta = 0.5 \times (-\pi) = -0.5\pi \text{ m/s}^2$$

法向加速度

$$a_n = \omega_t^2 R = 200\pi^2 \text{ m/s}^2$$

所以,加速度为

$$\boldsymbol{a} = a_n \boldsymbol{e}_n + a_t \boldsymbol{e}_t = 200\pi^2 \boldsymbol{e}_n - 0.5\pi \boldsymbol{e}_t$$

例 1-3-2 一个质量为 $M=2.5$ kg、半径 $R=0.2$ m 的滑轮,一轻绳绕于滑轮的边缘,如图 1-13 所示,现以恒力 $F=98$ N 拉绳子的一端,使滑轮由静止开始逆时针加速转动。忽略滑轮与轴承之间的摩擦。试求:

① 滑轮的角加速度;

② 绳子拉下 2 m 时,滑轮的角速度和获得的动能,这动能和拉力 F 所做的功是否相等;

③ 若将力 F 换为一重力为 $G=98$ N 的物体 m,滑轮将如何运动?再计算滑轮的角加速度和绳子拉下 2 m 时滑轮获得的动能,这动能和重力对物体 m 所做的功是否相等。

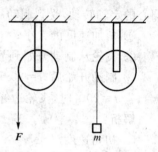

图 1-13 例题 1-3-2 图

解析:

① 根据转动定律,得

$$FR = J\beta$$

其中

$$J = \frac{1}{2}MR^2 = 0.05 \text{ kg} \cdot \text{m}^2$$

解得

$$\beta = 392 \text{ rad/s}^2$$

② 当绳子拉下 2 m 时,滑轮转过的角度为

$$\theta = \frac{l}{R} = \frac{2}{0.2} = 10 \text{ rad}$$

又

$$\omega^2 = 2\beta\theta$$

所以

$$\omega \approx 88.5 \text{ rad/s}$$

滑轮获得的动能

$$E_k = \frac{1}{2}J\omega^2 = 196 \text{ J}$$

力 F 所做的功

$$W = Fl = 98 \times 2 = 196 \text{ J}$$

显然动能和拉力 F 所做的功相等。这是因为此时无其他外力做功,且系统势能不变,只有力 F 所做的功使滑轮的动能增加。

③ 分别对滑轮和重物进行受力分析,根据转动定律和牛顿运动定律,得

$$TR = J\beta'$$
$$mg - T = ma$$

又由线角关系知,

$$a = R\beta'$$

联立解得

$$\beta' = 43.6 \text{ rad/s}^2$$

绳子拉下 2 m 时,滑轮的角速度

$$\omega' = \sqrt{2\beta'\theta} = 29.5 \text{ rad/s}$$

获得的动能

$$E'_k = \frac{1}{2}J\omega'^2 = 21.8 \text{ J}$$

重力对物体 m 所做的功为

$$W = Gl = 98 \times 2 = 196 \text{ N}$$

动能和重力对物体 m 所做的功不相等,因为绳子的拉力对滑轮做功,增加了滑轮的动能,而重力对物体做的功,等于滑轮和重物增加的总动能。

例 1-3-3 有一如图 1-14(a)所示装置,绳的质量及伸长均不计,绳与滑轮间无滑动,滑轮轴光滑。定滑轮的半径为 R,绕转轴的转动惯量为 J,滑轮两边分别悬挂质量为 m_1 和 m_2 的物体 A、B。A 置于倾角为 θ 的斜面上,它和斜面间的摩擦系数为 μ,若 B 向下做加速运动时,试求:

① 下落加速度的大小;
② 滑轮两边绳子的张力。

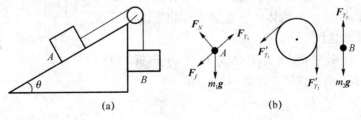

图 1-14 例题 1-3-3 图

解析：

如图 1-14(b)所示，分别对 A、B 和滑轮进行受力分析。

对物体 A，根据牛顿运动定律有
$$F_{T_1} - m_1 g\sin\theta - \mu m_1 g\cos\theta = m_1 a_1$$

对物体 B，根据牛顿运动定律有
$$m_2 g - F_{T_2} = m_2 a_2$$

由于绳不能伸长，且与滑轮之间无滑动，故有
$$a_1 = a_2 = R\beta$$

对滑轮根据转动定律有
$$F'_{T_2} R - F'_{T_1} R = J\beta$$

根据牛顿第三定律，可知
$$F_{T_1} = F'_{T_1}, \quad F_{T_2} = F'_{T_2}$$

将上述方程联立解得

① $a_1 = a_2 = \dfrac{m_2 g - m_1 g\sin\theta - \mu m_1 g\cos\theta}{m_1 + m_2 + \dfrac{J}{R^2}}$；

② $F_{T_1} = \dfrac{m_1 m_2 g(1 + \sin\theta + \mu\cos\theta) + \dfrac{(\sin\theta + \mu\cos\theta)m_1 g J}{R^2}}{m_1 + m_2 + \dfrac{J}{R^2}}$，

$F_{T_2} = \dfrac{m_1 m_2 g(1 + \sin\theta + \mu\cos\theta) + \dfrac{m_2 g J}{R^2}}{m_1 + m_2 + \dfrac{J}{R^2}}$。

例 1-3-4 如图 1-15 所示，两个圆轮的半径分别为 R_1 和 R_2，质量分别为 M_1 和 M_2。二者都可视为均匀圆柱体而且同轴固结在一起，可以绕一水平固定轴自由转动。今在两轮上各绕一细绳，绳端分别挂上质量是 m_1 和 m_2 的两个物体。求在重力作用下，m_2 下落时轮的角加速度。

解析： 分别对滑轮及重物进行受力分析，如图 1-15 所示。由牛顿第二定律，对 m_1 有
$$T_1 - m_1 g = m_1 a_1$$

对 m_2 有

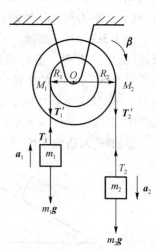

图 1-15 例题 1-3-4 图

$$m_2 g - T_2 = m_2 a_2$$

对滑轮,由转动定律,得

$$T'_2 R_2 - T'_1 R_1 = \left(\frac{1}{2}M_1 R_1^2 + \frac{1}{2}M_2 R_2^2\right)\beta$$

而由牛顿第三定律,得

$$T_1 = T'_1, T_2 = T'_2$$

又由线角关系,得

$$a_1 = R_1 \beta, a_2 = R_2 \beta$$

将上述方程联立,解得

$$\beta = \frac{(m_2 R_2 - m_1 R_1)\boldsymbol{g}}{\left(\frac{1}{2}M_1 + m_1\right)R_1^2 + \left(\frac{1}{2}M_2 + m_2\right)R_2^2}$$

例 1-3-5 质量为 M、长为 l 的均匀细杆,静止于光滑的水平面上,可绕过杆中点 O 的固定竖直轴自由转动。一质量为 m 的子弹以 v_0 的速度沿垂直于杆的方向射来,嵌入杆的端点 A,求子弹嵌入杆后的角速度。

解析:将子弹和杆组成一个系统,在整个过程中系统只受轴承上的外力作用,故系统对 O 点的角动量守恒。根据角动量守恒定律有

$$m\boldsymbol{v}_0 \frac{l}{2} = \left[J + m\left(\frac{l}{2}\right)^2\right]\omega$$

其中

$$J = \frac{1}{12}Ml^2$$

解得

$$\omega = \frac{6ml\boldsymbol{v}_0}{Ml^2 + 3ml^2}$$

例 1-3-6 如图 1-16 所示,在光滑的桌面上,有一长为 l、质量为 m 的均匀细棒,以速度 v 运动,与一固定在桌面上的钉子 A 相碰撞,碰撞后,细棒将绕 A 点转动。试求碰撞后棒绕 A 点转动的角速度。

解析:考虑棒与钉子碰撞后将绕 A 点转动,在碰撞过程中,棒受到的外力为 A 点对棒的作用力、桌面对棒的支撑力以及棒的重力。因为这些力对 A 点的力矩均为零,所以在碰撞过程中,对 A 点满足角动量守恒。根据角动量守恒定律有

$$mv\frac{l}{4} = J\omega$$

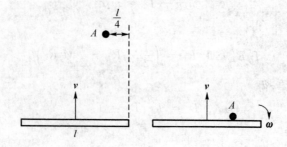

图 1-16 例题 1-3-6 图

其中

$$J = \frac{1}{12}ml^2 + m\left(\frac{l}{4}\right)^2 = \frac{7}{48}ml^2$$

解得

$$\omega = \frac{12v}{7l}$$

棒绕 A 点顺时针方向转动。

例 1-3-7 如图 1-17 所示，一长度为 $2l$、质量为 M 的均匀细杆，可以绕通过 O 点的光滑轴转动。一质量为 m 的小球以竖直向下的速度 v 落到杆的一端，且与杆发生完全弹性碰撞，求碰撞后小球的回跳速度及杆的角速度的大小。

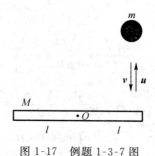

图 1-17 例题 1-3-7 图

解析：

(解法一)考虑利用角动量守恒定律来解。

将小球和细杆视为一个系统，由于在碰撞过程中，内力远远大于外力，所以系统的角动量守恒。设小球回跳的速度为 u，杆的角速度为 ω，取向上（逆时针方向）为正。根据角动量守恒定律有

$$-mvl = mul - J\omega$$

又因为是弹性碰撞,所以系统动能守恒。故有

$$\frac{1}{2}mv^2 = \frac{1}{2}mu^2 + \frac{1}{2}J\omega^2$$

其中

$$J = \frac{1}{12}M(2l)^2 = \frac{1}{3}Ml^2$$

将上述方程联立,解得

$$u = \frac{M-3m}{M+3m}v, \omega = \frac{6mv}{l(M+3m)}$$

(解法二)考虑利用角动量定理来解。

仍取小球和细杆为一个系统。设小球和细杆间的相互作用力为 F 和 F',作用时间为 Δt,取向上(逆时针方向)为正。对小球根据动量定理,得

$$\int_0^{\Delta t} F\mathrm{d}t = mu - (-mv) = m(v+u)$$

对细杆根据角动量定理,得

$$\int_0^{\Delta t} F'l\mathrm{d}t = -J\omega - 0$$

又

$$F' = -F$$

因为是弹性碰撞,所以系统动能守恒。故有

$$\frac{1}{2}mv^2 = \frac{1}{2}mu^2 + \frac{1}{2}J\omega^2$$

其中

$$J = \frac{1}{12}M(2l)^2 = \frac{1}{3}Ml^2$$

将上述方程联立,解得

$$u = \frac{M-3m}{M+3m}v, \omega = \frac{6mv}{l(M+3m)}$$

讨论:

① $M>3m, u>0$,小球碰撞后回跳;

② $M<3m, u<0$,小球碰撞后不回跳;

③ $M=3m, u=0$,小球碰撞后的瞬时速度为零,即瞬时静止。

习题选编

1. 选择题

(1) 有两个力作用在一个有固定转轴的刚体上：
① 这两个力都平行于轴作用时，它们对轴的合力矩一定是零；
② 这两个力都垂直于轴作用时，它们对轴的合力矩可能是零；
③ 当这两个力的合力为零时，它们对轴的合力矩也一定是零；
④ 当这两个力对轴的合力矩为零时，它们的合力也一定是零。
上述说法中，正确的是（　　）。
　　A. ①　　　　B. ①、②　　　　C. ①、②、③　　　　D. ①、②、③、④

(2) 一质点做匀速率圆周运动时，（　　）。
　　A. 它的动量不变，对圆心的角动量也不变
　　B. 它的动量不变，对圆心的角动量不断改变
　　C. 它的动量不断改变，对圆心的角动量不变
　　D. 它的动量不断改变，对圆心的角动量不断改变

(3) 将细绳绕在一个具有水平光滑轴的飞轮边缘上，如果在绳端挂一质量为 M 的物体，测得飞轮的角加速度为 β_1，如果以拉力 $2Mg$ 代替重物拉绳时，飞轮的角加速度将（　　）。
　　A. 小于 β_1　　　　　　　　B. 大于 β_1，小于 $2\beta_1$
　　C. 大于 $2\beta_1$　　　　　　　D. 等于 $2\beta_1$

(4) 质量为 0.2 kg 的定滑轮（均质薄圆盘）上绕有细绳，细绳的一端栓有一轻弹簧秤，弹簧秤下端挂一质量为 1 kg 的物体，如图 1-18 所示。若滑轮与轴间摩擦不计，则物体下落过程中弹簧的示数为（g 取 10 m/s²）（　　）。
　　A. 1.3 N　　　　B. 0.5 N
　　C. 0.9 N　　　　D. 1.8 N

图 1-18　习题 1(4)图

(5) 质量为 m 的小孩站在半径为 R 的水平转盘边缘上，该转盘可以视为一个圆盘，质量为 M，且绕通过其中心的竖直光滑固定轴自由转动。转盘和小孩开始时均静止，当小孩突然以相对于地面为 v 的速率在转盘边缘沿顺时针

转向走动时,则此转盘相对于地面旋转的角速度和旋转方向分别为( )。

A. $w=\dfrac{2mv}{MR}$,逆时针 B. $w=\dfrac{2mv}{MR}$,顺时针

C. $w=\dfrac{2mv}{3MR}$,逆时针 D. $w=\dfrac{2mv}{3MR}$,顺时针

(6) 对一个绕固定水平轴 O 匀速转动的圆盘,沿如图 1-19 所示的同一水平直线上,飞来两个沿相反方向运动的质量和速率都相等的橡皮泥小球,它们与圆盘做完全非弹性碰撞后,粘在盘的边缘上,则圆盘的角速度将( )。

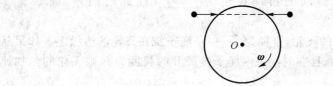

图 1-19 习题 1(6)图

A. 增大 B. 减小 C. 不变 D. 无法确定

(7) 一颗子弹质量为 m,速度为 v,击中一能绕通过中心的水平轴转动的圆盘边缘,并嵌在盘边,圆盘质量为 m_0,半径为 R。若圆盘原来静止,则子弹嵌入圆盘后,圆盘的角速度大小为( )。

A. $\dfrac{mvR}{m_0+2m}$ B. $\dfrac{mv}{(m_0+2m)R}$ C. $\dfrac{2mv}{(2m_0+m)R}$ D. $\dfrac{2mv}{(m_0+2m)R}$

(8) 一转台绕竖直固定光滑轴转动,每 20 s 转一周,转台对轴的转动惯量为 $J=1\,160\,\mathrm{kg\cdot m^2}$,质量为 70 kg 的人,开始时站在台的中心,随后沿半径向外跑去,当人离转台中心 2.5 m 时,转台的角速度约为( )。

A. 0.5 rad/s B. 0.228 rad/s C. 0.1 rad/s D. 0.27 rad/s

(9) 两个细棒质量均为 M,长度为 L,制成 T 形,且可绕 O 轴自由转动,O 点为棒的中点,如图 1-20 所示,则该 T 形系统对 O 轴的转动惯量为( )。

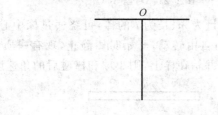

图 1-20 习题 1(9)图

A. $\dfrac{2}{3}ML^2$ B. $\dfrac{1}{6}ML^2$ C. $\dfrac{1}{4}ML^2$ D. $\dfrac{5}{12}ML^2$

2. 填空题

(1) 学习了刚体的运动后,好学的小玲在家里练习做双手举哑铃实验,发现当她把举哑铃的双手缩回时,她旋转的角速度将变大,若测得此时的角速度为原来的2倍,则转动惯量将变为原来的_____,这是根据_____得到的。

(2) 有两个圆盘是用密度不同的金属制成的,且 $\rho_1 > \rho_2$,已知它们的质量和厚度相同,那么两个圆盘的转动惯量 J_1 _____ J_2 (填">"、"<"或"=")。

(3) 某一曲轴的转速在 10 s 内由 1.2×10^3 r·min^{-1} 均匀地增加到 1.8×10^3 r·min^{-1},则该曲轴转动的角加速度为_____,在此时间内,曲轴转了_____转。

(4) 可绕水平轴转动的飞轮,直径为 $2r$,一条绳子绕在飞轮的边缘上。如果从静止开始做匀角加速运动,且在时间 t 内绳子被展开的长度为 l,则飞轮的角加速度为_____。

(5) 一燃气轮机在试车时,燃气作用在涡轮上的力矩为 2×10^3 N·m,已知涡轮的转动惯量为 20 kg·m^2,需经历时间_____s,轮的转速才可由 3×10^3 r·min^{-1} 增大到 1.2×10^4 r·min^{-1}。

(6) 如图 1-21 所示,一长为 2 m 的轻质细杆,可绕通过其一端的水平光滑轴在竖直平面内做定轴转动,在杆的另一端固定着一质量为 m 的小球,现将杆由水平位置无初速释放,则杆刚被释放时的角加速度_____,杆与水平方向夹角为 60° 时的角加速度为_____(g 取 10 m/s^2)。

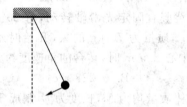

图 1-21 习题 2(6)图

(7) 如图 1-22 所示,质量为 m、长为 l 的棒,可绕通过棒中心且与其垂直的竖直光滑固定轴 O 在水平面内自由转动,开始时棒静止,现有一质量为 m 的黏质小球,以速度 v_0 垂直射向棒端并粘在棒上,则小球和棒碰后的角速度为_____。

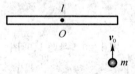

图 1-22 习题 2(7)图

(8) 有一质量为 M、长为 l 的均质细棒,可在一水平面内绕通过棒中心并与棒垂直的光滑固定轴转动。棒上套有两个可沿棒滑动的小球,它们的质量均为 m。开始时,两个小球分别被固定于棒中心的两边,到中心的距离均为 r,棒以 ω 的角速度转动,若现在两个小球沿细棒向外滑去,当到达棒端时棒的角速度为 _____。

3. 计算题

(1) 一长为 l 的均匀细棒,质量为 M,可绕通过其上端 O 点的水平轴转动,如图 1-23 所示。今有一质量为 m 的子弹,以速度 v 射入棒中,射入处距 O 点 $\dfrac{3l}{4}$。

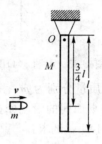

图 1-23　习题 3(1)图

① 试求棒与子弹一起开始转动的角速度;
② 若棒与子弹一起开始转动的角速度为 ω,则二者一起转过的角度的余弦值为多少?

(2) 一质量为 M、半径为 R 的水平自由转盘以角速度 ω 转动,转轴处的摩擦不计。现有一只质量为 m 的老鼠站在转盘边缘上。试求:
① 当老鼠静止不动时,老鼠的角速度;
② 老鼠慢慢向转盘中心爬去,当老鼠爬至与转盘中心距离为 r 时,转盘的角速度。

(3) 如图 1-24 所示,有一半径为 2 m、质量为 50 kg 的均匀圆盘,可绕水平固定光滑轴转动,现用一轻绳绕在轮边缘,绳的下端挂一相同质量的物体,试求圆盘从静止开始转动 3 s 后,它的角速度及转过的角度(g 取 10 m/s²)。

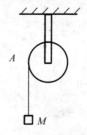

图 1-24　习题 3(3)图

(4) 如图 1-25 所示,一飞轮的半径为 20 cm,在绕过飞轮的绳子一端悬挂一质量为 5 kg 的物体,当物体由静止开始释放后,在 2 s 内下降了 7 m,若轴承间无摩擦,试求飞轮的转动惯量($g=9.8$ m/s^2)。

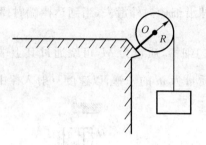

图 1-25 习题 3(4)图

(5) 如图 1-26 所示,两物体质量分别为 m_A 和 m_B,定滑轮的质量为 M,半径为 R,可视作均匀圆盘。已知 m_B 与桌面间的滑动摩擦系数为 μ,设绳子和滑轮间无相对滑动,滑轮轴受的摩擦力忽略不计。试求:

① m_A 下落的加速度;

② 两段绳子的张力。

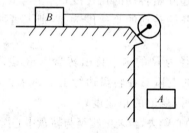

图 1-26 习题 3(5)图

第 2 篇　振动与波动

第 1 章　机械振动

教 学 要 点

1. 教学要求

（1）掌握简谐振动的特征和规律。
（2）掌握描述简谐振动的两种方法，即解析法和旋转矢量法。
（3）掌握两个同方向、同频率的简谐振动的合成的方法和规律。
（4）了解两相互垂直的简谐振动的合成。
（5）了解阻尼和受迫振动的特点。

2. 教学重点

（1）简谐振动的特征和规律。
（2）描述简谐振动的两种方法，即解析法和旋转矢量法。
（3）两个同方向、同频率的简谐振动的合成的方法和规律。

3. 教学难点

（1）旋转矢量法的应用。
（2）简谐振动的合成。

内 容 概 要

1. 简谐振动方程

$$x = A\cos(\omega t + \varphi)$$

2. 简谐振动速度方程

$$v = -A\omega\sin(\omega t + \varphi) = -v_m \sin(\omega t + \varphi)$$

3. 简谐振动加速度方程

$$a = -A\omega^2 \cos(\omega t + \varphi) = -a_m \cos(\omega t + \varphi)$$

4. 简谐振动的能量

动能　　$E_k = \frac{1}{2}mv^2 = \frac{1}{2}mA^2\omega^2 \sin^2(\omega t + \varphi)$

势能　　$E_P = \frac{1}{2}kx^2 = \frac{1}{2}kA^2 \cos^2(\omega t + \varphi)$

总能量 $E = E_k + E_P = \frac{1}{2}kA^2$

5. 两个简谐振动的合成

(1) 同频率、同方向简谐振动的合成：合振动仍为简谐振动，合振动的振幅取决于两个分振动的振幅和初相位差，即 $A = \sqrt{A_1^2 + A_2^2 + 2A_1A_2\cos(\varphi_2 - \varphi_1)}$。

(2) 同一直线上的两个不同频率的振动合成时，如果二者频率差较小，就会产生拍的现象。拍频等于两个分振动的频率之差。

(3) 相互垂直的两个同频率振动合成时，合运动轨迹一般为椭圆。

(4) 相互垂直的两个不同频率的振动合成时，如果两个分振动周期成简单整数比，形成的合运动轨迹为封闭的李萨如图。

6. 复杂的周期性（以及非周期性）的运动

这种运动都可以看成是频率和振幅不同的简谐运动的合成。

7. 本章重点题型

(1) 由初始条件确定振幅和初相

$$A = \sqrt{x_0^2 + \frac{v_0^2}{\omega^2}},\ \varphi = \arctan\left(-\frac{v_0}{\omega x_0}\right)$$

(2) 利用旋转矢量法求初相位，基本步骤为：①找位置；②做垂线；③引线段；④选 OA；⑤求初相。

(3) 利用旋转矢量法画振动图像，基本步骤为：①找初相；②画 OA；③做投影；④看方向；⑤画图形。

例 题 赏 析

例 2-1-1　一质点沿 x 轴按 $x = A\cos(\omega t + \varphi)$ 做简谐振动，振幅为 A，角频率为 ω，今在下述情况下开始计时，试分别求出对应的初相。

① 质点在平衡位置处，且向负方向运动；

② 质点在 $x = \frac{A}{2}$ 处，且向正方向运动；

③ 质点的速度为零,而加速度为正值。

解析:

(解法一)考虑用解析法来求。

① 因为质点在平衡位置处,所以 $t=0$ 时,$x=0$。代入振动方程

$$x = A\cos(\omega t + \varphi)$$

得

$$0 = A\cos\varphi$$

解得

$$\varphi = \frac{\pi}{2} \ \text{或} \ \varphi = \frac{3\pi}{2}$$

又根据振动方程,可知

$$v = -A\omega\sin(\omega t + \varphi)$$

因为 $t=0$ 时,质点向负方向运动,即

$$v_0 = -A\omega\sin\varphi < 0$$

所以

$$\varphi = \frac{\pi}{2}$$

② 因为质点在 $x = \frac{A}{2}$ 处,所以 $t=0$ 时,$\frac{A}{2} = A\cos\varphi$。解得

$$\varphi = \frac{\pi}{3} \ \text{或} \ \varphi = \frac{5\pi}{3}$$

又因为质点向正方向运动,即

$$v_0 = -A\omega\sin\varphi > 0$$

所以

$$\varphi = \frac{5\pi}{3}$$

③ 因为 $t=0$ 时,质点的速度为零,

所以

$$0 = -A\omega\sin\varphi$$

解得

$$\varphi = 0 \ \text{或} \ \varphi = \pi$$

又根据振动方程,可知

$$a = -A\omega^2\cos(\omega t + \varphi)$$

因为 $t=0$ 时，加速度为正值，即

$$a_0 = -A\omega^2 \cos\varphi > 0$$

所以

$$\varphi = \pi$$

(解法二)考虑用旋转矢量法来求。

① 因为质点在平衡位置处，根据旋转矢量图，如图 2-1 所示，可知

$$\varphi = \frac{\pi}{2} \text{ 或 } \varphi = \frac{3\pi}{2}$$

又因为质点向负方向运动，所以

$$\varphi = \frac{\pi}{2}$$

② 因为质点在 $x = \frac{A}{2}$ 处，根据旋转矢量图，可知

$$\varphi = \frac{\pi}{3} \text{ 或 } \varphi = -\frac{\pi}{3}$$

又因为质点向正方向运动，所以

$$\varphi = -\frac{\pi}{3}$$

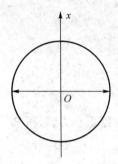

图 2-1 例题 2-1-1 图

③ 同解法一。

例 2-1-2 一质点沿 x 轴做简谐振动，已知它的初始位置为 $x_0 = 0.02$ m，$T = \frac{\pi}{3}$ s，初速度为 $v_0 = 0.3$ m/s，求振幅 A 和初相位 φ。

解析：设简谐振动表达式为

$$x = A\cos(\omega t + \varphi)$$

所以

$$v = -A\omega\sin(\omega t + \varphi)$$

根据题意知，

$$\omega = \frac{2\pi}{T} = 6 \text{ rad/s}$$

$$0.02 = A\cos\varphi$$

$$0.3 = -A\omega\sin\varphi = -6A\sin\varphi$$

所以

$$A = \sqrt{0.02^2 + 0.05^2} = 0.054 \text{ m},$$

$$\tan\varphi = -\frac{0.05}{0.02} = -2.5, \text{ 即 } \varphi = -68.2°$$

例 2-1-3 一小球沿 x 轴做简谐振动,振幅为 0.01 m,速度振幅为 0.04 m/s,若以速度具有正的最大值时为零时刻,试求:

① 加速度振幅;

② 振动表达式。

解析:

① 根据速度振幅

$$v_m = A\omega$$

知

$$\omega = \frac{v_m}{A} = 4 \text{ rad/s}$$

所以加速度振幅

$$a_m = A\omega^2 = 0.16 \text{ m/s}^2$$

② 根据简谐振动方程

$$x = A\cos(\omega t + \varphi)$$

知

$$v = -A\omega\sin(\omega t + \varphi)$$

因为以速度具有正的最大值时为零时刻,即 $t=0$ 时,

$$v = v_m = A\omega$$

所以

$$A\omega = -A\omega\sin\varphi$$

解得

$$\varphi = -\frac{\pi}{2}$$

所以简谐振动表达式为

$$x = 0.01\cos\left(4t - \frac{\pi}{2}\right) \text{ m}$$

例 2-1-4 已知一简谐振动曲线如图 2-2 所示,求其振动方程。

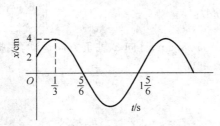

图 2-2 例题 2-1-4 图

解析: 设振动方程为
$$x = A\cos(\omega t + \varphi)$$
由曲线图可知振幅
$$A = 4 \text{ cm}$$
周期
$$T = 2 \text{ s}$$
所以角频率
$$\omega = \frac{2\pi}{T} = \pi \text{ rad/s}$$

通过观察曲线图可知,振子最初相位于 $\frac{A}{2}$ 处且下一时刻向 x 轴正向移动。由旋转矢量法,得
$$\varphi = -\frac{\pi}{3}$$
所以振动方程为
$$x = 4\cos\left(\pi t - \frac{\pi}{3}\right) \text{ cm}$$

例 2-1-5 一物体沿 x 轴做简谐振动,振幅 $A = 10$ cm,周期 $T = 4$ s。当 $t = 0$ 时,$x = 5\sqrt{3}$ cm,且向 x 轴负方向运动。试求:

① 简谐振动的表达式;

② $t = \frac{T}{4}$ 时,物体的位置、速度和加速度;

③ 物体从 $x = -5$ cm 向 x 轴正方向运动,第一次回到平衡位置所需的时间。

解析:

① 设简谐振动表达式为
$$x = A\cos(\omega t + \varphi)$$
由 $\omega = \frac{2\pi}{T}$ 可知,$\omega = \frac{\pi}{2}$ rad/s。

因为,当 $t = 0$ 时,$x = 5\sqrt{3}$ cm,且向 x 轴负方向运动,根据旋转矢量法,可知
$$\varphi = \frac{\pi}{6}$$
所以简谐振动表达式为
$$x = 10\cos\left(\frac{\pi}{2}t + \frac{\pi}{6}\right) \text{ m}$$

② $t = \dfrac{T}{4}$ 时,

$$x = 10\cos\left(\dfrac{2\pi}{T} \times \dfrac{T}{4} + \dfrac{\pi}{6}\right) = -5 \text{ cm}$$

$$v = -A\omega\sin(\omega t + \varphi) = -10 \times \dfrac{\pi}{2}\sin\left(\dfrac{2\pi}{T} \times \dfrac{T}{4} + \dfrac{\pi}{6}\right) = -13.6 \text{ m/s}$$

$$a = -A\omega^2\cos(\omega t + \varphi) = -10 \times \left(\dfrac{\pi}{2}\right)^2\cos\left(\dfrac{2\pi}{T} \times \dfrac{T}{4} + \dfrac{\pi}{6}\right) = 12.32 \text{ m/s}^2$$

③ 根据旋转矢量法可知,物体从 $x = -5$ cm 向 x 轴正方向运动,第一次回到平衡位置经历了 $\dfrac{\pi}{6}$ 的相位差。

根据 $\Delta\varphi = \omega\Delta t$,可知

$$\Delta t = \dfrac{\dfrac{\pi}{6}}{\dfrac{\pi}{2}} = \dfrac{1}{3} \text{ s}$$

例 2-1-6 一弹簧振子同时参与两个同方向的振动:
$$x_1 = A\cos(\omega t + \varphi_1), x_2 = A\cos(\omega t + \varphi_2)$$
求其振动能量。

解析:首先求合振动振幅的平方,即
$$A^2 = A_1^2 + A_2^2 + 2A_1A_2\cos(\varphi_2 - \varphi_1)$$

所以振动能量
$$E = \dfrac{1}{2}m\omega^2 A^2 = \dfrac{1}{2}m\omega^2[A_1^2 + A_2^2 + 2A_1A_2\cos(\varphi_2 - \varphi_1)]$$

振动能量取决于两分振动的相位差。

当 $\varphi_2 - \varphi_1 = 2k\pi$ 时,
$$E = \dfrac{1}{2}m\omega^2(A_1 + A_2)^2 = \dfrac{1}{2}m\omega^2 A_1^2 + \dfrac{1}{2}m\omega^2 A_2^2 + m\omega^2 A_1 A_2$$

当 $\varphi_2 - \varphi_1 = (2k+1)\pi$ 时,
$$E = \dfrac{1}{2}m\omega^2(A_1 - A_2)^2 = \dfrac{1}{2}m\omega^2 A_1^2 + \dfrac{1}{2}m\omega^2 A_2^2 - m\omega^2 A_1 A_2$$

当 $\varphi_2 - \varphi_1 = \pm\dfrac{(2k+1)\pi}{2}$ 时,
$$E = \dfrac{1}{2}m\omega^2(A_1^2 + A_2^2)^2 = \dfrac{1}{2}m\omega^2 A_1^2 + \dfrac{1}{2}m\omega^2 A_2^2 + m\omega^2 A_1^2 A_2^2$$

习题选编

1. 选择题

(1) 做简谐振动的质点的位移是( )。
A. 以质点的起始位置为起点,指向质点所在位置的有向线段
B. 以平衡位置为起点,指向质点所在位置的有向线段
C. 以质点的起始位置为起点,沿质点运动方向的有向线段
D. 以平衡位置为起点,沿质点运动方向的有向线段

(2) 振子每次经过距平衡位置的距离相等的点时( )。
A. 具有相同的速度　　B. 具有相同的加速度
C. 具有相同的动量　　D. 具有相同的速率

(3) 两个同周期简谐振动的曲线如图 2-3 所示,x_1 的相位比 x_2 的相位( )。

A. 超前 $\dfrac{\pi}{2}$　　B. 落后 $\dfrac{\pi}{2}$

C. 落后 π　　D. 超前 π

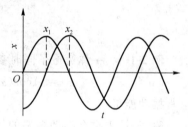

图 2-3　习题 1(3)图

(4) 一弹簧振子沿 x 轴做简谐振动,它的初始位置为 $x_0 = -1$ cm,初始速度为 $v_0 = 3$ cm/s,$T = \dfrac{2\sqrt{3}\pi}{3}$ s,则其振动方程为( )。

A. $x = 2\cos\left(\sqrt{3}\,t + \dfrac{2\pi}{3}\right)$ cm　　B. $x = 2\cos\left(\sqrt{3}\,t + \dfrac{4\pi}{3}\right)$ cm

C. $x = \cos\left(\sqrt{3}\,t + \dfrac{2\pi}{3}\right)$ cm　　D. $x = \cos\left(\sqrt{3}\,t + \dfrac{4\pi}{3}\right)$ cm

(5) 两个质点各自做简谐振动,它们的振幅相同、周期相同。第一个质点的振动方程为 $x_1 = 2\cos\left(\pi t + \dfrac{\pi}{3}\right)$。当第一个质点从初始位置第一次回到平衡位置时,第二个质点在正向最大位移处,则第二个质点的振动方程为( )。

A. $x_2 = 2\cos\left(\pi t - \dfrac{\pi}{3}\right)$　　B. $x_2 = 2\cos\left(\pi t - \dfrac{\pi}{6}\right)$

C. $x_2 = 2\cos\left(\pi t + \dfrac{\pi}{6}\right)$　　D. $x_1 = 2\cos(\pi t)$

(6) 一个做简谐振动的质点的角频率为 ω,若从质点由平衡位置向 x 轴负方向

运动开始计时,则当它由平衡位置运动到 $\frac{1}{2}$ 正向最大位移处时,所经历的最短时间为(　　)。

A. $\frac{\pi}{6\omega}$　　B. $\frac{7\pi}{6\omega}$　　C. $\frac{5\pi}{3\omega}$　　D. $\frac{4\pi}{3\omega}$

(7) 某简谐振动的振动曲线如图 2-4 所示,则相应的振动方程为(　　)。

A. $x = A\cos\left(\frac{5}{6}\pi t + \frac{\pi}{3}\right)$ m

B. $x = A\cos\left(\frac{7}{6}\pi t + \frac{\pi}{3}\right)$ m

C. $x = A\cos\left(\frac{5}{6}\pi t - \frac{\pi}{3}\right)$ m

D. $x = A\cos\left(\frac{7}{6}\pi t - \frac{\pi}{3}\right)$ m

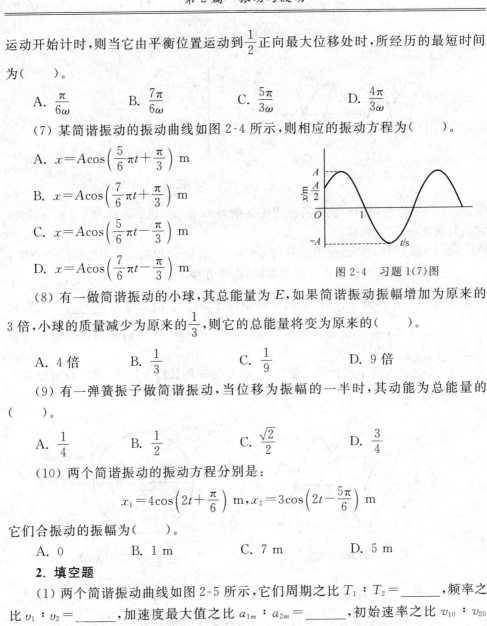

图 2-4　习题 1(7)图

(8) 有一做简谐振动的小球,其总能量为 E,如果简谐振动振幅增加为原来的 3 倍,小球的质量减少为原来的 $\frac{1}{3}$,则它的总能量将变为原来的(　　)。

A. 4 倍　　B. $\frac{1}{3}$　　C. $\frac{1}{9}$　　D. 9 倍

(9) 有一弹簧振子做简谐振动,当位移为振幅的一半时,其动能为总能量的(　　)。

A. $\frac{1}{4}$　　B. $\frac{1}{2}$　　C. $\frac{\sqrt{2}}{2}$　　D. $\frac{3}{4}$

(10) 两个简谐振动的振动方程分别是:

$$x_1 = 4\cos\left(2t + \frac{\pi}{6}\right) \text{ m}, \quad x_2 = 3\cos\left(2t - \frac{5\pi}{6}\right) \text{ m}$$

它们合振动的振幅为(　　)。

A. 0　　B. 1 m　　C. 7 m　　D. 5 m

2. 填空题

(1) 两个简谐振动曲线如图 2-5 所示,它们周期之比 $T_1 : T_2 = $ _____,频率之比 $v_1 : v_2 = $ _____,加速度最大值之比 $a_{1m} : a_{2m} = $ _____,初始速率之比 $v_{10} : v_{20} = $ _____。

(2) 一简谐振动系统的振动曲线如图 2-6 所示,则该振动的振幅 $A = $ _____,圆频率 $\omega = $ _____,初相位为 _____,振动表达式为 _____。

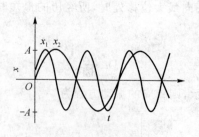

图 2-5　习题 2(1)图

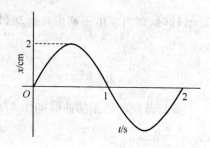

图 2-6　习题 2(2)图

(3) 一做简谐振动的物体的加速度振幅为 8π m/s², 速度振幅为 1.6 m/s, 那么它的周期为_____, 振幅为_____。

(4) 一质点沿 x 轴做简谐振动, 振幅为 $A=1.5$ m, 周期为 $T=2$ s, 若 $t=0$ 时：

① 质点在平衡位置向正方向运动时, 振动方程为_____;

② 质点在位移为 $\frac{\sqrt{2}}{2}A$ 处, 且向 x 轴负向运动时, 振动方程为_____。

(5) 已知两个简谐振动的振动曲线如图 2-7 所示, 则该两简谐振动的最大速率之比为_____。

(6) 如图 2-8 所示的旋转矢量图中, 若矢量 A 的长度为 8 cm, 那么该矢量图所对应的振动方程为_____。

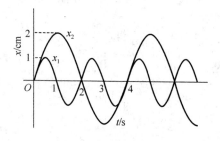

图 2-7　习题 2(5)图

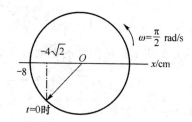

图 2-8　习题 2(6)图

(7) 一质点沿 x 轴做简谐振动, 振动方程为 $x=0.25\cos\left(\frac{2}{3}\pi t-\frac{\pi}{3}\right)$。若质点从 $t=0$ 时刻的位置到达 $x=-0.125$ m 处, 且向 x 轴负方向运动, 则需要的最短时间为_____。

3. 计算题

(1) 已知一简谐振动的表达式为 $x=0.02\cos\left(8\pi t+\frac{\pi}{4}\right)$。试求：

① 振幅、圆频率、频率、周期、初相位及 $t=2$ s 时的相位;

② 请根据旋转矢量图画出振动曲线图。

(2) 一振子沿 x 轴做简谐振动,其振动方程为 $x=3\cos\left(\dfrac{\pi}{2}t-\dfrac{\pi}{4}\right)$,试求 $t=2$ s 时,

① 振子的位移、速度、加速度;

② 振子的振幅、速度与加速度的最大值。

(3) 一质点沿 x 轴做简谐振动,振动周期为 $T=0.5$ s,初始时刻质点在 $x_0=-0.02$ m,并正向 x 轴正方向运动。若振幅为 0.04 m,试求:

① 振动方程;

② 质点从 $x_1=0.02$ m 的位置运动到 $x_2=-0.02$ m 的位置所需的最短时间。

(4) 一质量为 120 g 的小球沿 x 轴做简谐振动,其振幅为 26 cm,周期为 8 s。当 $t=0$ 时,位移为 13 cm,并且向 x 轴负方向运动。试求:

① $t=1$ s 时,物体所处的位置;

② $t=1$ s 时,物体所受力的大小和方向;

③ 物体由起始位置再次到达 13 cm 处所需的最少时间;

④ 物体在起始位置的速度、动能、势能和总能量。

(5) 有一轻质弹簧沿 x 轴做简谐振动,下悬质量为 10 g 的物体时,伸长量为 4.9 cm。用这个弹簧和一个质量为 80 g 的小球构成弹簧振子,将小球由平衡位置向下拉开 10 cm 后,给予向上的初速度 $v_0=50$ cm/s。试求小球的振动周期以及振动表达式($g=9.8$ m/s^2)。

第 2 章 机 械 波

教 学 要 点

1. 教学要求

(1) 明确机械波产生的条件和传播的方式。

(2) 正确理解描述波动过程的几个基本物理量波长、周期、频率和波速的物理意义,并掌握它们的联系。

(3) 掌握平面简谐波的波函数的物理意义,并能根据已知条件熟练地求波函数。

(4) 会根据波函数求解对应点的振动方程及对应时刻的波形方程。

(5) 明确波的能量的特点,并能理解波的能量密度和能流密度的物理意义。

(6) 掌握波的叠加原理,并能利用波的叠加原理,讨论波相干的条件和计算相干区域内各点振动的强度。

(7) 理解驻波及其形成条件,了解驻波和行波的区别。

(8) 了解波的多普勒效应。

2. 教学重点

(1) 波函数的求解。

(2) 波函数的物理意义。

(3) 波的叠加原理。

3. 教学难点

(1) 波函数的求解。

(2) 相干区域内各点振动的强度的计算。

第2篇 振动与波动

内 容 概 要

1. 波函数的四种表达式

① $y = A\cos\left(\omega t + \varphi \pm \dfrac{2\pi x}{\lambda}\right)$；

② $y = A\cos\left[\omega\left(t \pm \dfrac{x}{u}\right) + \varphi\right]$；

③ $y = A\cos\left[\dfrac{2\pi}{T}\left(t \pm \dfrac{x}{u}\right) + \varphi\right]$；

④ $y = A\cos\left[2\pi\left(\dfrac{t}{T} \pm \dfrac{x}{\lambda}\right) + \varphi\right]$。

这四种表达式都满足"负+正-"，即波沿 x 轴负半轴传播为"+"，沿 x 轴正半轴传播为"-"。其中，①是从相位超前还是落后方面考虑的；②是从时间是多振还是少振方面考虑的；③用的不多；④常用来求各物理量的值，如振幅、周期、波长、频率、相位等。

2. 波的能量

① 能量密度：$w = \rho\omega^2 A^2 \sin^2\omega\left(t - \dfrac{x}{u}\right)$；

② 平均能量密度：$\overline{w} = \dfrac{1}{2}\rho\omega^2 A^2$；

③ 能流密度（波的强度）：$I = \dfrac{1}{2}\rho A^2\omega^2 u$。

3. 波的干涉

两相干波源发出的波在空间某处相遇叠加时，干涉加强或减弱的条件由两波在该处的相位差决定，即

$$\Delta\varphi = \varphi_{20} - \varphi_{10} - \dfrac{2\pi}{\lambda}(r_2 - r_1) = \begin{cases} \pm 2k\pi, k = 0,1,2,\cdots \text{加强} \\ \pm(2k+1)\pi, k = 0,1,2,\cdots \text{减弱} \end{cases}$$

若两相干波源的振动的初相位相同，干涉条件也可用波程差表示，即

$$\delta = r_2 - r_1 = \begin{cases} \pm k\lambda, k = 0,1,2,\cdots \text{加强} \\ \pm(2k+1)\dfrac{\lambda}{2}, k = 0,1,2,\cdots \text{减弱} \end{cases}$$

4. 驻波

两列振幅、频率和传播速度都相同的相干波，在同一直线上沿相反方向传播

时,形成驻波,其方程为

$$y = 2A\cos 2\pi \frac{x}{\lambda} \cos 2\pi \nu t$$

5. 多普勒效应

$\gamma = \dfrac{u+v_R}{u-v_s}\gamma_s$,其中,$v_R$ 与 v_s 的正负取决于运动方向。

例 题 赏 析

例 2-2-1 一平面简谐波沿 x 轴正向传播,频率为 $\upsilon=1\times 10^2$ Hz,波速 $u=3\times 10^2$ m/s,设在某一瞬时,P 点振动的相位为 $\varphi_P = \dfrac{\pi}{3}$。若 Q 点在 P 点的左侧,距 P 点为 7 m 处,求 Q 点在同一瞬时的相位。

解析:根据公式

$$\lambda = \frac{u}{\upsilon}$$

可知

$$\lambda = \frac{u}{\upsilon} = \frac{3\times 10^2}{1\times 10^2} = 3 \text{ m}$$

又由

$$\Delta\varphi = \varphi_Q - \varphi_P = \frac{2\pi}{\lambda}(x_P - x_Q)$$

可知

$$\varphi_Q = \frac{2\pi}{3}\times 7 + \frac{\pi}{3} = 5\pi$$

例 2-2-2 如图 2-9 所示为 $t=0$ 时刻的波形图,试求:

① 原点 O 质点振动的初相位,并表示出其振动表达式;

② L、M、N、P 各质点的振动相位比原点 O 的质点的相位超前还是落后,并写出各点与 O 点的相位差;

③ 各质点的振动速度。

解析:

① 由图像可知,$t=0$ 时,质点 O 位于平

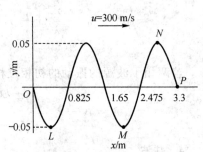

图 2-9 例题 2-2-2 图

衡位置。因为波向右传播，所以质点 O 下一时刻将向 y 轴正方向运动。根据旋转矢量法可知，此时质点在原点 O 振动的初相位为 $\varphi = -\dfrac{\pi}{2}$。

设质点在原点 O 的振动表达式为
$$y = A\cos(\omega t + \varphi)$$

由
$$T = \frac{\lambda}{u} = \frac{1.65}{300} = 0.0055 \text{ s}$$

可知
$$\omega = \frac{2\pi}{T} \approx 1142 \text{ rad/s}$$

又
$$A = 0.05 \text{ m}$$

所以
$$y = 0.05\cos\left(1142t - \frac{\pi}{2}\right) \text{ m}$$

② 因为波向右传播，所以 L、M、N、P 各质点的振动相位都比原点 O 落后，与 O 点的相位差分别是：
$$\varphi_L - \varphi = -\frac{\pi}{2},\ \varphi_M - \varphi = -\frac{5\pi}{2},\ \varphi_N - \varphi = -\frac{7\pi}{2},\ \varphi_P - \varphi = -4\pi$$

③ $v_m = A\omega = 1142 \times 0.05 = 57 \text{ m/s}$。

例 2-2-3 有一平面简谐波，波源位于 O 点，且沿 x 轴正向传播，波长为 4 cm，振幅为 3 cm，周期为 8 s。若 $t=0$ 时，O 点振动到 $y_0 = 1.5$ cm 处，且沿 y 轴正向运动，求此波的波动式。

解析：设原点 O 的振动方程为
$$y = A\cos(\omega t + \varphi)$$

根据 $\omega = \dfrac{2\pi}{T}$ 知，
$$\omega = \frac{2\pi}{T} = \frac{\pi}{4} \text{ rad/s}$$

因为 $t=0$ 时，O 点振动到 $y_0 = 1.5$ cm 处，即 $\dfrac{A}{2}$ 处，且沿 y 轴正向运动，由旋转矢量法知，O 点的初相位 $\varphi = -\dfrac{\pi}{3}$。

所以坐标原点 O 的振动方程为

$$y = 0.03\cos\left(\frac{\pi}{4}t - \frac{\pi}{3}\right) \text{ m}$$

又波速

$$u = \frac{\lambda}{T} = \frac{0.04}{8} = 0.005 \text{ m/s}$$

且波沿 x 轴正向传播,所以波动式为

$$y = 0.03\cos\left[\frac{\pi}{4}\left(t - \frac{x}{0.005}\right) - \frac{\pi}{3}\right] \text{ m}$$

例 2-2-4 已知一沿 x 轴正向传播的平面简谐波,时间 $t = \frac{1}{3}$ s 时的波形如图 2-10 所示,且 $T = 2$ s 时,试求:

① O 点的振动方程;
② 该波的波动式;
③ C 点的振动方程;
④ C 点距 O 点的距离。

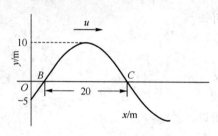

图 2-10 例题 2-2-4 图

解析:

① 根据波形图可知,$t = \frac{1}{3}$ s 时,O 点振动的相位 $\varphi' = \frac{2\pi}{3}$。设 O 点的振动方程为

$$y_O = A\cos(\omega t + \varphi)$$

由

$$\Delta\varphi = \varphi' - \varphi = \omega\Delta t$$

可知

$$\frac{2\pi}{2} \times \frac{1}{3} = \frac{2\pi}{3} - \varphi$$

所以

$$\varphi = \frac{\pi}{3}$$

所以 O 点的振动方程为

$$y_O = 10\cos\left(\pi t + \frac{\pi}{3}\right) \text{ m}$$

② 由

$$u = \frac{\lambda}{T}$$

可知
$$u = \frac{40}{2} = 20 \text{ m/s}$$
因为波沿 x 轴正向传播,根据波函数的表示形式,可知
$$y = 10\cos\left[\pi\left(t - \frac{x}{20}\right) + \frac{\pi}{3}\right] \text{ m}$$

③ 与①解法类似。

根据波形图,可知 $t = \frac{1}{3}$ s 时,C 点振动的相位 $\varphi' = \frac{3\pi}{2}$。

设 C 点的振动方程为
$$y_C = A\cos(\omega t + \varphi)$$
由
$$\Delta\varphi = \varphi' - \varphi = \omega\Delta t$$
可知
$$\frac{2\pi}{2} \times \frac{1}{3} = \frac{3\pi}{2} - \varphi$$
所以
$$\varphi = \frac{7\pi}{6}$$
所以 C 点的振动方程为
$$y_C = 10\cos\left(\pi t + \frac{7\pi}{6}\right) \text{ m}$$

④ 根据波的传播方向可知,O 点的相位超前于 C 点。根据旋转矢量法知,O、C 两点的相位差为 $\frac{7}{6}\pi$。

由公式
$$\Delta\varphi = \frac{2\pi}{\lambda}x$$
可知
$$x \approx 23.33 \text{ m}$$

例 2-2-5 有一波在密度为 720 kg/m^3 的介质中以波速 $u = 2 \times 10^3$ m/s 传播。振幅 $A = 2 \times 10^{-3}$ m,周期 $T = 2 \times 10^{-2}$ s,试求:

① 该波的能量密度;

② 2 min 内垂直通过面积 S 为 8×10^{-4} m² 的总能量。

解析：

① 由波的能量密度公式知，

$$I = \frac{1}{2}\rho u \omega^2 A^2 = 2.8 \times 10^5 \text{ W/m}^2$$

② $E = ISt = 26\,880$ J。

例 2-2-6 如图 2-11 所示，三个同频率、振动方向相同（垂直纸面）的简谐波，在传播过程中于 P 点相遇，若三个简谐波各自单独在 S_1、S_2 和 S_3 的振动表达式分别为：

$$y_1 = A\cos\left(\omega t + \frac{\pi}{2}\right), y_2 = A\cos\omega t, y_3 = A\cos\left(\omega t - \frac{\pi}{2}\right)$$

若 $S_2P = 4\lambda$，$S_1P = S_3P = 5\lambda$（λ 为波长），且传播过程中各波的振幅不变，求 P 点的合振动表达式。

解析： 在 P 点处，S_1 和 S_3 的振动反向，振幅相同的两个振动叠加后完全抵消，所以由 S_2 引起的振动为

$$y_P = y_{2P} = A\cos(\omega t - 8\pi) = A\cos\omega t$$

例 2-2-7 如图 2-12 所示，一平面简谐波沿 x 轴正向传播，BC 为波密媒质的反射面，波由 P 点反射，$OP = \frac{3}{4}\lambda$，$DP = \frac{1}{6}\lambda$。在 $t = 0$ 时，O 处质元的合振动是经过平衡位置向负向运动。求 D 点处入射波与反射波的合振动表达式（设入射波和发射波的振幅均为 A，频率为 υ）。

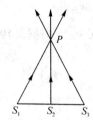

图 2-11　例题 2-2-6 图

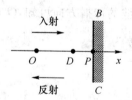

图 2-12　例题 2-2-7 图

解析：

（解法一）考虑利用波的叠加计算。

设入射波的波动方程为

$$y_1 = A\cos\left[2\pi\left(\upsilon t - \frac{x}{\lambda}\right) + \varphi\right]$$

则反射波的波动方程为

$$y_2 = A\cos\left[2\pi\left(vt - \frac{2\times\frac{3}{4}\lambda - x}{\lambda}\right) + \varphi + \pi\right]$$

$$= A\cos\left[2\pi\left(vt + \frac{x}{\lambda}\right) + \varphi\right]$$

入射波与反射波叠加形成驻波,其表达式为

$$y = y_1 + y_2 = 2A\cos\left(2\pi\frac{x}{\lambda}\right)\cos(2\pi vt + \varphi)$$

在 $t=0$ 时,$x=0$ 处质点位移为

$$y_0 = 0, \left.\frac{\partial y}{\partial t}\right|_{x=0} < 0$$

代入上式,得

$$2A\cos 0\cos\varphi = 0$$
$$2A(-2\pi v)\cos 0\sin\varphi < 0$$

解得

$$\varphi = \frac{\pi}{2}$$

所以,D 点处入射波与反射波的合振动表达式为

$$y = 2A\cos\left(2\pi\frac{\frac{3\lambda}{4} - \frac{\lambda}{6}}{\lambda}\right)\cos\left(2\pi vt + \frac{\pi}{2}\right)$$

$$= 2A\cos\frac{7}{6}\pi\cos\left(2\pi vt + \frac{\pi}{2}\right)$$

$$= \sqrt{3}A\sin 2\pi vt$$

(解法二)考虑利用驻波特性计算。

根据题意,知反射波与入射波叠加,从而形成驻波,P 点为波节,则 O 点为波腹,且 $x=\frac{\lambda}{4}$ 处也是波节,因此 D 点与 O 点的振动相位相反,D 点的坐标为

$$x = \frac{3}{4}\lambda - \frac{\lambda}{6} = \frac{7}{12}\lambda$$

则 D 点的振动振幅为

$$\left|2A\cos\left(2\pi\frac{x}{\lambda}\right)\right| = \left|2A\cos\left[2\pi\left(\frac{1}{\lambda}\times\frac{7}{12}\lambda\right)\right]\right| = \sqrt{3}A$$

又 D 点振动的初相位为 $-\frac{\pi}{2}$,所以 D 点处入射波与反射波的合振动表达式为

$$y = \sqrt{3}A\sin 2\pi vt$$

例 2-2-8 蝙蝠在洞穴中飞来飞去,能非常有效地用超声波脉冲导航。假如蝙蝠发出的超声波频率为 $39\ kHz$,当它以 0.025 倍声速的速度朝着表面平直的岩壁飞去时,试求它听到的从岩壁反射回来的超声波频率为多少。

解析:根据题意可知,可相当于波源和观测者同时相对于媒质运动的情况。根据多普勒效应,有

$$v = \frac{1+\dfrac{v_s}{u}}{1-\dfrac{v_0}{u}}v_0 = \frac{1+\dfrac{1}{40}}{1-\dfrac{1}{40}} \times 39 = 41\ \text{kHz}$$

习 题 选 编

1. 选择题

(1) 如图 2-13(a)所示 $t=0$ 时的简谐波的波形图,波沿 x 轴正向传播,图 2-13(b)为一质点的振动曲线,则图 2-13(a)中所表示的 $x=0$ 处振动的初相位与图 2-13(b)所表示的振动的初相位分别为( )。

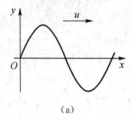
(a)

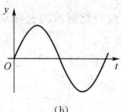
(b)

图 2-13 习题 1(1)图

A. 均为零 B. 均为 $\dfrac{\pi}{2}$ C. $\dfrac{\pi}{2}$ 与 $-\dfrac{\pi}{2}$ D. $-\dfrac{\pi}{2}$ 与 $\dfrac{\pi}{2}$

(2) 有一列平面简谐波的表达式为 $y = 0.17\cos\left(\dfrac{2\pi}{3}t - \dfrac{\pi}{5}x + \dfrac{7\pi}{2}\right)$ m,则以下正确的是( )。

A. 波速是 0.3 m/s B. 波沿 x 轴负向传播
C. 波长是 10 m D. 频率是 3 Hz

(3) 在下面几种说法中,正确的是( )。

A. 波源不动时,波源的振动周期与波动周期在数值上是不同的
B. 波源振动的速度与波速相同
C. 在波的传播方向上,任一质点的振动相位总是比波源的相位滞后

D. 在波的传播方向上,任一质点的振动相位总是比波源的相位超前

(4) 一平面简谐波的波动式为 $y=0.03\cos\left[\dfrac{2\pi}{3}\left(t+\dfrac{3}{8}x\right)-\dfrac{\pi}{2}\right]$ m。当 $t=3$ s 时,在 $x=2$ m 处的质点的振动速度为(　　)。

A. 0
B. -6.28 cm/s
C. -3.14 cm/s
D. 3.14 cm/s

(5) 一平面简谐波沿 x 轴正方向传播,已知周期 $T=1$ s,振幅 $A=15$ cm,$t=t_0$ 时刻的波形曲线如图 2-14 所示,则坐标原点 O 处的振动方程为(　　)。

A. $y=0.15\cos\left[2\pi(t-t_0)-\dfrac{\pi}{2}\right]$ m

B. $y=0.15\cos\left[2\pi(t+t_0)-\dfrac{\pi}{2}\right]$ m

C. $y=0.15\cos\left[2\pi(t-t_0)+\dfrac{\pi}{2}\right]$ m

D. $y=0.15\cos\left[2\pi(t+t_0)+\dfrac{\pi}{2}\right]$ m

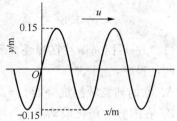

图 2-14　习题 1(5)图

(6) 一列沿 x 轴负向传播的平面简谐波,已知 $\lambda=6$ m,若在 $x=\dfrac{1}{3}\lambda$ 处,质点的振动方程为 $y_p=0.29\cos(\pi t)$ m,则该平面简谐波的波函数为(　　)。

A. $y=0.29\cos\left(\pi t+\dfrac{\pi}{3}x-\dfrac{2\pi}{3}\right)$ m
B. $y=0.29\cos\left(\pi t-\dfrac{\pi}{3}x+\dfrac{2\pi}{3}\right)$ m
C. $y=0.29\cos\left(\pi t-\dfrac{2\pi}{3}\right)$ m
D. $y=0.29\cos\left(\pi t+\dfrac{\pi}{3}x+\dfrac{2\pi}{3}\right)$ m

(7) 一平面简谐波沿 x 轴负向传播,$x=b(b>0)$ 处的质点的振动方程为 $y_p=A\cos(\omega t+\varphi)$,波速为 u,则波动式为(　　)。

A. $y=A\cos\left(\omega t+\dfrac{b+x}{u}+\varphi\right)$
B. $y=A\cos\left[\omega\left(t-\dfrac{b+x}{u}\right)+\varphi\right]$
C. $y=A\cos\left[\omega\left(t+\dfrac{b+x}{u}\right)+\varphi\right]$
D. $y=A\cos\left[\omega\left(t+\dfrac{x-b}{u}\right)+\varphi\right]$

(8) 有一列平面简谐波沿 x 轴负向传播,波源位于 O 点,波速为 2.5 m/s,若 O 点的振动方程为 $y_O=0.39\cos\dfrac{\pi t}{7}$ m,则在 x 轴正向上距 O 点为 $x=5$ m 处的质元的振动方程为(　　)。

A. $y=0.39\cos\left(\dfrac{\pi}{7}t-\dfrac{2\pi}{7}\right)$ m
B. $y=0.39\cos\left(\dfrac{\pi}{7}t+\dfrac{2\pi}{7}\right)$ m

C. $y=0.39\cos\left[\dfrac{\pi}{7}\left(t+\dfrac{2}{7}\right)\right]$ m   D. $y=0.39\cos\left[\dfrac{\pi}{7}\left(t+\dfrac{1}{5}\right)\right]$ m

(9) 一平面简谐波沿 x 轴负向传播，波速为 $u=2$ m/s，波源位于坐标原点 O 处，已知 O 点的振动表达式为 $y_o=3.8\times10^{-2}\cos\left(\dfrac{2\pi}{7}t\right)$ m，则当 $t=2$ s 时，波形方程为（　　）。

A. $y=3.8\times10^{-2}\cos\left(\dfrac{4\pi}{7}+\dfrac{x}{2}\right)$ m   B. $y=3.8\times10^{-2}\cos\left(\dfrac{4\pi}{7}-\dfrac{x}{2}\right)$ m

C. $y=3.8\times10^{-2}\cos\dfrac{\pi}{7}(4-x)$ m   D. $y=3.8\times10^{-2}\cos\dfrac{\pi}{7}(4+x)$ m

(10) 一平面简谐波在弹性介质中传播，在介质质元从平衡位置运动到最大位移处的过程中，（　　）。

A. 它的动能转换成势能

B. 它的势能转化成动能

C. 它从相邻的一段质元获得能量，其能量逐渐增大

D. 它把自己的能量传给相邻的一段质元，其能量逐渐减小

(11) 假定汽笛发出的声音频率由 400 Hz 增加到 1 200 Hz，而波幅保持不变，则 1 200 Hz 声波对 400 Hz 声波的强度比为（　　）。

A. 1∶1   B. 1∶3   C. 1∶9   D. 9∶1

(12) 惠更斯原理指出，在波的传播过程中，波前上的每一点都（　　）。

A. 可看作开始发射平面波的点波源

B. 可看作开始发射子波的点波源

C. 一定做简谐振动

D. 可看作仅向同一点发射子波的点波源

(13) 汽车驶过车站时，车站上的观测者测得声音的频率由 1 200 Hz 变到 1 000 Hz，已知空气中的声速为 330 m/s，则汽车的速度为（　　）。

A. 30 m/s   B. 65 m/s   C. 77 m/s   D. 25 m/s

2. 填空题

(1) 波源在原点的一列平面简谐波的波动式为 $y=6\cos(2\pi t-3\pi x+\pi)$，那么此波的振幅为_____，角频率为_____，周期为_____，波速为_____，频率为_____，波长为_____，距波源 2 m 处质点的振动相位比波源_____，该质点振动的初相位为_____。

(2) 已知一平面简谐波的波函数 $y=0.16\cos\left[\dfrac{2\pi}{3}\left(t-\dfrac{x}{2}\right)+\dfrac{\pi}{2}\right]$ m，则 $A=$

_____,$\omega=$_____,$v=$_____,$u=$_____,$\lambda=$_____,$\varphi=$_____,原点处的相位 _____,波沿_____轴_____向传播。

(3) 一平面简谐波的周期为 T,在波的传播路径上有相距为 b 的 P、Q 两点,如果 Q 点比 P 点的相位落后 φ_0,则该波的波长为_____,波速为_____。

(4) 有一列沿 x 轴负向传播的平面简谐波,其波动式为:

$$y = 3.5\cos\left[\frac{4\pi}{3}\left(t+\frac{x}{4}\right)+\frac{2\pi}{3}\right] \text{ m}$$

则 $x=2$ m 时,该处质点的振动方程为_____,$x=-6$ m 时,该处质点的振动方程为_____,由此知,两点处的相位差为_____。

(5) 如图 2-15 所示,某列平面简谐波沿 x 轴正向传播,某时刻 P_1 点的相位为 10π,则 P_2 点的相位为_____,经过时间 $t=\dfrac{T}{4}$,P_1 点的相位为_____,P_2 点的相位为_____,由此可见,波的传播过程也是_____传播的过程。

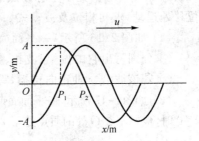

图 2-15 习题 2(5)图

(6) 一平面简谐波,其频率为 3 Hz,且沿 x 轴负向传播,波的传播路径上有 A、B 两点,若 A 点比 B 点落后 0.2 s,则 B 点比 A 点的相位_____。

(7) 一平面简谐波沿 x 轴负向传播,若坐标原点的振动方程为:

$$y = 0.16\cos\left(10\pi t+\frac{3}{4}\pi\right)$$

在波的传播路径上有间距为 0.03 m 的 A、B 两点,B 点的相位比 A 点超前 $\dfrac{\pi}{3}$,则波长为_____,波速为_____,波动式为_____。

(8) 一平面简谐波的波动方程为 $y = 0.32\cos\left[2\pi\left(2t-\dfrac{x}{2}\right)+\dfrac{2\pi}{3}\right]$ m,则 $x=-2$ m 处,质点的振动方程是_____,若以 $x=-2$ m 处为新的坐标轴原点,且此坐标轴的指向与波的传播方向相反,则该波的波动式应为_____。

(9) 一正弦式空气波,沿直径为 0.14 m 的圆柱形管行进,波的平均强度为 1.8×10^{-2} J/(m²·s),频率为 300 Hz,波速为 300 m/s,则波中的平均能量密度是_____,最大能量密度是_____,每两个相邻的、周相差为 2π 的同相面(即相距一个波长的两同相面)之间的波段中,具有的能量为_____。

(10) 两人轻声说话时的声强级为 40 dB,某工厂中的声强级为 90 dB,则工厂中的声强是轻声说话时声强的_____倍。

(11) 观察者静止,当波源相对介质以一定速率趋向观察者时,观察者接收到的波频率比波源频率_____;反之,当波源远离观察者时,观察者接收到的波的频率比波源频率_____(填"高"或"低")。

3. 计算题

(1) 有一列平面简谐波,已知其振幅 $A=0.28$ m,周期 $T=2$ s,波长 $\lambda=4$ m,且向 x 轴正向传播。

① 试求在波的传播路径上相距为 4.6 m 的 A、B 两点的相位差;

② 若 $t=0$ 时,处于坐标原点的质点的振动位移为 $y_0=0.14$ m,且向正向最大位移处运动,求初相位及波动式。

(2) 如图 2-16 所示,一平面简谐波的波速为 40 m/s。

① 分别写出它的振幅、波长、频率;

② 若该波沿 x 轴正向传播,写出它的波动式。

(3) 如图 2-17 所示,一平面简谐波沿 x 轴正向传播,若频率为 4 Hz,振幅 0.2 m,在 $t=0$ 时,坐标原点 O 处的质点处于平衡位置且初始速度 $v_0>0$,此时点 P 处质点的位移为 $\frac{\sqrt{2}A}{2}$,且 $v_P<0$。若 O、P 两点之间的距离为 0.1 m。试求:①波长和波速;②波动式。

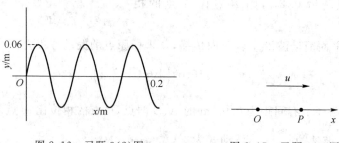

图 2-16 习题 3(2)图   图 2-17 习题 3(3)图

(4) 有一平面简谐波沿 x 轴正向传播,波的振幅为 $A=0.1$ m,波的角频率为 $\omega=7\pi$ rad/s,当 $t=1$ s 时,$x=0.1$ m 处的 a 质点正通过其平衡位置向 y 轴负向运动,而 $x=0.2$ m 处的 b 质点正通过 $y=0.05$ m 处向 y 轴正向运动。若该波波长大于 0.1 m,试求该平面波的波函数。

(5) 如图 2-18 所示为某平面简谐波在 $t=0$ 时刻的波形曲线。试求:

① 波长、周期、频率;

② a、b 两点的运动方向;

③ 该波的波函数;

④ P 点的振动方程,并画出振动曲线;

⑤ $t=1.25$ s 时刻的波形方程,并画出该波形曲线。

(6) 一细线做驻波式振动,其方程为 $y=0.5\cos\dfrac{\pi x}{3}\cos 40\pi t$,式中的 x、y 的单位为 cm,t 的单位为 s。试求:

① 两分波的振幅及传播速度;

② 驻波相邻波节间的距离;

③ $x=1.5$ cm 处,在 $t=\dfrac{9}{8}$ s 时,细线上该质点的振动速度 $\dfrac{dy}{dt}$。

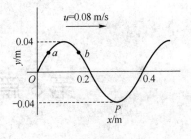

图 2-18 习题 3(5)图

第3篇 波动光学

第1章 光的干涉

教学要点

1. 教学要求

(1) 理解获得相干光的方法,掌握光程的概念以及光程差和相位差的关系。

(2) 掌握杨氏双缝干涉实验。

(3) 理解等厚干涉实验,重点掌握其中的劈尖干涉和牛顿环干涉。

(4) 了解迈克尔孙干涉仪的工作原理。

2. 教学重点

(1) 光程的概念以及光程差和相位差的关系。

(2) 杨氏双缝干涉实验。

(3) 劈尖干涉和牛顿环干涉实验。

3. 教学难点

(1) 杨氏双缝干涉实验中一些物理量的计算。

(2) 劈尖干涉和牛顿环干涉实验中一些物理量的计算。

(3) 半波损失现象。

内容概要

1. 相干光

(1) 相干条件:频率相同、振动方向相同且相位差恒定。

(2) 获得相干光的方法有分波阵面法和分振幅法。

2. 光程和光程差

光程为折射率与光在该介质中传播的路程的乘积,光程差为光程的差值。

3. 杨氏双缝干涉

(1) 产生明暗纹的条件为 $\delta = \dfrac{xd}{D} = \begin{cases} \pm k\lambda & \text{明纹} \\ \pm(2k+1)\dfrac{\lambda}{2} & \text{暗纹} \end{cases}$ $k=0,1,2,\cdots$

(2) 明暗纹的位置 $x = \begin{cases} \pm k\dfrac{\lambda D}{d} & \text{明纹} \\ \pm(2k+1)\dfrac{\lambda D}{2d} & \text{暗纹} \end{cases}$ $k=0,1,2,\cdots$

(3) 相邻两明(暗)纹的间距 $\Delta x = x_{k+1} - x_k = \dfrac{\lambda D}{d}$

4. 半波损失

光从光疏介质射到光密介质界面反射时,在掠射(i 约为 $90°$)或正入射(i 约为 $0°$)的情况下,反射光的相位产生 π 的突变,相当于损失了 $\dfrac{\lambda}{2}$ 的光程,故称作半波损失。

5. 薄膜干涉

(1) 干涉条件:

$\delta = 2e\sqrt{n_2^2 - n_1^2 \sin^2 i} + \delta' = 2n_2 e\cos\gamma + \delta' = \begin{cases} k\lambda, k=1,2,\cdots \text{干涉加强} \\ (2k+1)\dfrac{\lambda}{2}, k=0,1,2,\cdots \text{干涉减弱} \end{cases}$

(2) 劈尖干涉:

① 产生明暗纹的条件为 $\delta = 2ne + \dfrac{\lambda}{2} = \begin{cases} k\lambda, k=1,2,\cdots & \text{明纹} \\ (2k+1)\dfrac{\lambda}{2}, k=0,1,2,\cdots & \text{暗纹} \end{cases}$

② 各级明暗纹对应的薄膜厚度为 $e = \begin{cases} \dfrac{1}{2n}(2k-1)\dfrac{\lambda}{2}, k=1,2,\cdots & \text{明纹} \\ \dfrac{1}{2n}k\lambda, k=0,1,2,\cdots & \text{暗纹} \end{cases}$

③ 相邻两明暗纹之间的厚度差为 $\Delta e = e_{k+1} - e_k = \dfrac{\lambda}{2n}$

④ 两相邻明暗纹的间距为 $l = \dfrac{\lambda}{2n\theta}$

⑤ 牛顿环的半径为 $r = \begin{cases} \sqrt{\dfrac{(2k-1)R\lambda}{2n}}, k=1,2,\cdots & 明环 \\ \sqrt{\dfrac{kR\lambda}{n}}, k=0,1,2,\cdots & 暗环 \end{cases}$

6. 迈克尔孙干涉仪

干涉条纹移动一条等效于空气薄膜厚度改变 $\dfrac{\lambda}{2}$，有 $d = N\dfrac{\lambda}{2}$。

例题赏析

例 3-1-1 在双缝干涉实验中，两缝相距 1 mm，屏离缝的距离为 1 m，用波长为 550 nm 和 660 nm 两种光照射双缝，求：

① 两种波长的光分别形成的条纹间距；

② 两种波长的光形成的条纹之间的距离与级数之间的关系。

解析：已知 $d=1$ mm, $D=1$ m, $\lambda_1=550$ nm, $\lambda_2=660$ nm。

① 设两种波长的光分别形成的条纹间距为 Δx_1 和 Δx_2，则

$$\Delta x_1 = \frac{\lambda_1 D}{d} = \frac{1}{1\times 10^{-3}} \times 550 \times 10^{-9} = 5.5 \times 10^{-4} \text{ m}$$

$$\Delta x_2 = \frac{\lambda_2 D}{d} = \frac{1}{1\times 10^{-3}} \times 660 \times 10^{-9} = 6.6 \times 10^{-4} \text{ m}$$

② 两种波长的光第 k 级明纹中心的位置分别为

$$\Delta x_{1k} = k\frac{\lambda_1 D}{d}, \Delta x_{2k} = k\frac{\lambda_2 D}{d}$$

两者之间的间隔为

$$\Delta x_k = \Delta x_{2k} - \Delta x_{1k} = k\frac{D}{d}(\lambda_2 - \lambda_1) = k\frac{D}{d}\Delta\lambda = k\times 1.1 \times 10^{-4} \text{ m}$$

例 3-1-2 如图 3-1 所示，用介质折射率 $n=1.6$ 的云母片覆盖在杨氏双缝的一条缝上，使屏上原来未放云母片时的中央明条纹移动到原来的第 6 级明纹位置上，若入射光的波长为 600 nm，则云母片的厚度为多少？

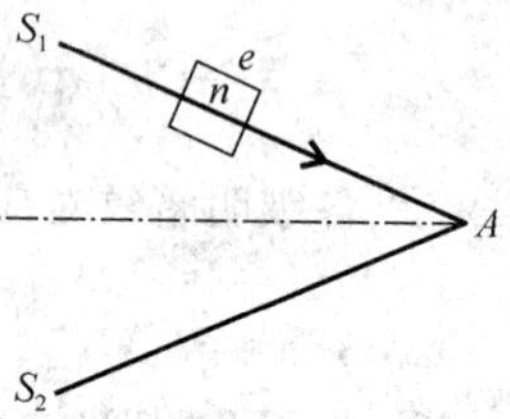

解析：未覆盖云母片时，$r_2 = r_1$，覆盖介质折射率 $n=1.6$ 的云母片后，零级明纹变为第 6 级明纹，故有

$$\delta = (r_2 - e) + ne - r_1 = (n-1)e = 6\lambda$$

所以

图 3-1 例题 3-1-2 图

$$e = \frac{6\lambda}{n-1} = \frac{6 \times 6 \times 10^{-7}}{1.6 - 1} = 6 \times 10^{-6} \text{ m}$$

例 3-1-3 如图 3-2 所示,已知杨氏双缝干涉实验中两缝的间隔为 $d = 3$ mm,狭缝到屏幕的距离为 $D = 6$ m,若在一个狭缝处覆盖 $n = 1.58$,厚为 $e = 0.01$ mm 的云母片,并以 550 nm 的光入射时,零级明纹由中心位置移动到哪一点?

解析:未放置云母片时,零级明纹在屏幕的中心位置处。放入云母片后,

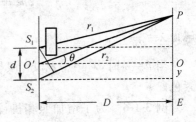

图 3-2 例题 3-1-3 图

$$\delta = r_2 - [(r_1 - e) + ne] = 0$$

即

$$r_2 - r_1 = (n-1)e$$

又

$$r_2 - r_1 = d\sin\theta$$

所以

$$d\sin\theta = (n-1)e$$

所以

$$\sin\theta = \frac{(n-1)e}{d}$$

又

$$\sin\theta \sim \tan\theta$$

所以,此时零级明纹的位置为

$$y = D\tan\theta = \frac{D(n-1)e}{d} = \frac{6 \times (1.58-1) \times 1 \times 10^{-5}}{3 \times 10^{-3}} = 1.16 \times 10^{-2} \text{ m}$$

例 3-1-4 白光垂直照射到折射率为 $n = 1.5$,厚度为 4×10^{-7} m 的玻璃片上,求在可见光的范围内,反射中加强的光的波长,透射中加强的光的波长。

解析:由薄膜干涉原理,反射加强的光的波长满足干涉相长

$$2ne + \frac{\lambda}{2} = k\lambda, k = 1, 2, \cdots$$

所以

$$\lambda = \frac{2ne}{k - \frac{1}{2}}$$

当 $k = 3$ 时,$\lambda_3 = 480$ nm 的光在反射中加强,由薄膜干涉原理,透射加强的光的波长满足干涉相消,

$$2ne + \frac{\lambda}{2} = (2k+1)\frac{\lambda}{2}, k = 1, 2, \cdots$$

解得 $\lambda = \frac{2ne}{k}$。

当 $k = 2$ 时,$\lambda_2 = 600$ nm 的光在透射中加强;当 $k = 3$ 时,$\lambda_3 = 400$ nm 的光在透

射中加强。

例 3-1-5 自然光垂直照射在厚度为 350 nm 的眼镜片上,假设眼镜片的介质折射率为 $n=1.44$,问眼镜片的表面呈现什么颜色?

解析:由分析可知,此题有半波损失,且观察的颜色为反射加强

$$2ne + \frac{\lambda}{2} = k\lambda, k=1,2,\cdots$$

解得 $\lambda = \frac{4ne}{2k-1}$。

当 $k=2$ 时,$\lambda_2=672$ nm,眼镜片呈红色;当 $k=3$ 时,$\lambda_3 \approx 403$ nm,眼镜片呈紫色。

例 3-1-6 为了增加照相机镜头的透光性,在折射率为 $n_1=1.5$ 的镜头上,镀一层折射率为 $n_2=1.35$ 的增透膜,为了增大波长为 550 nm 的黄绿光通透率,则所镀的薄膜厚度为多少?

解析:若透射光加强,则反射光相消,由题意可知介质折射率 $1.0<1.35<1.5$ 按递增顺序排列,无半波损失,则光程差

$$\delta = 2n_2 e = (2k+1)\frac{\lambda}{2} \quad (k=1,2,3,\cdots)$$

解得 $e = (2k+1)\frac{\lambda}{4n_2}$。

当 $k=0$ 时,薄膜的最小厚度为

$$e = \frac{\lambda}{4n_2} = \frac{550 \times 10^{-9}}{4 \times 1.35} \approx 101.9 \text{ nm}$$

例 3-1-7 如图 3-3 所示,两平板玻璃构成一空气劈尖,一端夹着一个金属丝,用波长 $\lambda=500$ nm 的平行光垂直照射在玻璃上,由棱边到金属丝共出现 100 条明纹,求金属丝的直径。

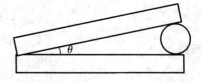

图 3-3 例题 3-1-7 图

解析:金属丝所在处为第 100 级明纹,由劈尖的明纹公式

$$2e + \frac{\lambda}{2} = k\lambda$$

得 $e = \left(k - \frac{1}{2}\right)\lambda/2 = (100 - \frac{1}{2}) \times 5 \times 10^{-7} \times \frac{1}{2} \approx 2.5 \times 10^{-5}$ m

例 3-1-8 如图 3-4 所示,两个介质折射率为 $n=1.50$ 的平板玻璃构成一空气劈尖,用平行光照射该劈尖时,求:

① 在劈尖的上表面观察到的条纹图样；
② 当如图 3-4(a)，劈的上表面上移时，干涉条纹如何变化；
③ 当如图 3-4(b)，劈的上表面右移时，干涉条纹如何变化；
④ 当如图 3-4(c)，劈的上表面绕交点逆时针转动，即劈尖角增大时，干涉条纹如何变化。

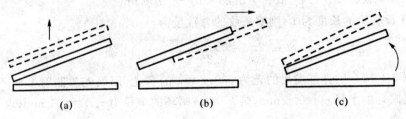

图 3-4　例题 3-1-8 图

解析：① 任意两条相邻明条纹所对应的薄膜厚度之差

$$\Delta e = e_{k+1} - e_k = \frac{\lambda}{2n}$$

任意两条相邻明条纹的间距

$$\Delta l = \frac{\Delta e}{\sin\theta} = \frac{\lambda}{2n\sin\theta} = \frac{\lambda}{2n\theta}$$

对于空气劈尖 $n=1$，则 $\Delta l = \frac{\lambda}{2\theta}$，所以干涉条纹为明暗相间等间隔的条纹，且劈棱处为暗纹。

② 劈的上表面上移时，上下表面所成的角度 θ 不变，所以 $\Delta l = \frac{\lambda}{2\theta}$ 不变，由于同一位置的厚度增加，所以级次增加，干涉条纹将左移，条纹间隔不变。如移动太多，膜的厚度增大太多，不满足相干条件，干涉条纹将消失。

③ 劈的上表面右移时，上下表面所称的角度 θ 不变，条纹间隔不变，条纹将向右移动。

④ 劈的上表面绕交点逆时针转动，即劈尖角增大时，由于同一位置的厚度增加，所以级次增加，干涉条纹将左移，条纹间隔 $\Delta l = \frac{\lambda}{2\theta}$ 减小，条纹变密。

例 3-1-9　有一劈尖折射率 $n=1.4$，劈尖角 $\theta=10^{-4}$ rad，在某一单色光的垂直照射下，可测得条纹间隔为 0.25 cm，求：
① 此单色光的波长；
② 如果劈尖长为 3.5 cm，那么总共可出现多少条明条纹。

解析:

① 根据劈尖干涉条纹间距公式

$$\Delta x = \frac{\lambda}{2n \sin\theta} \approx \frac{\lambda}{2n\theta}$$

得 $\lambda = 2n\theta \times \Delta x = 2 \times 1.4 \times 10^{-4} \times 0.25 \times 10^{-2} = 700$ nm。

② 设劈尖的长度为 L,则明条纹的总数量为

$$N = \frac{L}{\Delta x} = \frac{3.5 \times 10^{-2}}{0.25 \times 10^{-2}} = 14 \text{ 条}$$

例 3-1-10 钠光灯发出的光为 589.3 nm 的黄光,用该光源照射牛顿环,测得第 k 级暗环的半径 $r_k = 0.6$ mm,第 $k+6$ 级暗环半径为 $r_{k+6} = 2.1$ mm,求平凸透镜的曲率半径 R。

解析: 根据暗环半径公式,有

$$r_k = \sqrt{kR\lambda},\ r_{k+6} = \sqrt{(k+6)R\lambda}$$

从而有

$$r_{k+6}^2 - r_k^2 = 6R\lambda$$

解得 $R = \dfrac{r_{k+6}^2 - r_k^2}{6\lambda} = \dfrac{(2.1 \times 10^{-3})^2 - (0.6 \times 10^{-3})^2}{6 \times 589.3 \times 10^{-9}} = 1.15$ m

例 3-1-11 在进行牛顿环实验时,用波长为 450 nm 的光照射时,测得第 3 级明环的半径为 1.2×10^{-3} m,若改用另外一种光照射时,测得第 5 级明环的半径为 1.8×10^{-3} m,求该光的波长和平凸透镜的曲率半径。

解析: 由牛顿的明环半径公式

$$r_k = \sqrt{\frac{2k-1}{2}R\lambda} \quad (k = 1, 2, 3, \cdots)$$

分别代入数值,可得

$$450 \times 10^{-9} = \frac{2r_3^2}{(2 \times 3 - 1)R},\ \lambda = \frac{2r_5^2}{(2 \times 5 - 1)R}$$

将两式相比,可得

$$\lambda = \frac{5}{9} \times \frac{r_5^2}{r_3^2} \times 450 \times 10^{-9} \approx 562 \text{ nm}$$

平凸透镜的曲率半径

$$R = \frac{2r_5^2}{(2 \times k - 1)\lambda} = \frac{2 \times (1.8 \times 10^{-3})^2}{(2 \times 5 - 1) \times 562 \times 10^{-9}} \approx 1.28 \text{ m}$$

例 3-1-12 在迈克尔孙干涉仪实验中,如果将反射镜 M_2 移动距离为 0.324 mm,测得干涉条纹移动 1 100 条,则实验所用光源的波长为多少?

解析：由于迈克尔孙干涉仪的光路是可逆的,反射镜每移动半个波长,干涉条纹移动一条,所以

$$\lambda = \frac{2d}{N} = \frac{2 \times 0.324 \times 10^{-3}}{1\,100} = 589 \text{ m}$$

习 题 选 编

1. 选择题

(1) 将杨氏双缝干涉实验装置放入水中,则干涉条纹将如何变化?（　　）

　　A. 不变　　　　　B. 变大　　　　　C. 变小　　　　　D. 无法确定

(2) 在杨氏双缝干涉实验中,如果增大光屏和双缝屏间的距离,则条纹间距将如何变化?（　　）

　　A. 不变　　　　　B. 变大　　　　　C. 变小　　　　　D. 无法确定

(3) 光波从光疏介质垂直入射到光密介质,在界面发生反射时,以下叙述正确的是（　　）。

　　A. 相位不变　　　B. 频率变大　　　C. 频率变小　　　D. 相位突变 π

(4) 一束波长为 λ 的光线,经杨氏双缝在屏幕上形成明暗相间的干涉条纹,那么两个缝的光对于第一级暗纹的光程差为（　　）。

　　A. $\frac{\lambda}{4}$　　　　　B. $\frac{\lambda}{2}$　　　　　C. λ　　　　　D. 2λ

(5) 两光滑平整的玻璃板构成的空气劈尖,从上面的玻璃板观测到的干涉条纹为（　　）。

　　A. 明暗相间,条纹间隔逐渐增大　　　B. 明暗相间,条纹间隔逐渐减小

　　C. 明暗相间、等间隔,劈棱处为暗纹　　D. 明暗相间、等间隔,劈棱处为明纹

(6) 由玻璃球的一部分和一圆形玻璃板构成的牛顿环实验装置,从上方观察到的牛顿环条纹分布特点是（　　）。

　　A. 接触点是暗的,等间距的同心圆环

　　B. 接触点是暗的,不等间距的同心圆环

　　C. 接触点是明的,等间距的同心圆环

　　D. 接触点是明的,不等间距的同心圆环

(7) 在真空中波长为 λ 的单色光,在介质折射率为 n 的玻璃中 A 点传播到 B 点,若 A、B 两点的相位差为 4π,则 AB 两点间的光程差为（　　）。

　　A. 2λ　　　　　B. 2nλ　　　　　C. λ　　　　　D. nλ

(8) 用 $\lambda = 600$ nm 的单色光垂直照射牛顿环装置时,从中央向外数第 4 个暗环对应的空气膜厚度是(　　)。

A. $0.6\ \mu m$ B. $0.8\ \mu m$ C. $1.2\ \mu m$ D. $1.5\ \mu m$

(9) 将牛顿环装置中的上半部分球体向上移动时,第 k 级明环将做怎么样的移动(　　)。

A. 不动   B. 向外移动   C. 向内移动   D. 无法确定

(10) 在迈克尔孙干涉实验中,当放射镜移动一个波长 λ 时,干涉条纹将移动多少条?(　　)

A. 1   B. 2   C. 3   D. 4

2. 填空题

(1) 获得相干光的一种方法是_____,例如_____;另外一种方法是_____,例如_____和_____。

(2) 用白色光照射介质折射率为 1.4 的薄膜后,若 $\lambda = 400$ nm 的紫光在反射中消失,则薄膜的最小厚度 $e =$ _____。(小数点后保留两位有效数字)

(3) 在折射率为 1.5 的镜头上,镀一层折射率为 1.38 的薄膜,当波长为 550 nm 的黄绿光入射时,为了增加反射,则所镀的薄膜厚度至少为_____,为了增加透射,则所镀的薄膜厚度至少为_____。(结果保留一位有效数字)

(4) 光强均为 $2I_0$ 的两束相干光在相遇区域发生干涉时,有可能出现的最大光强是_____。

(5) 在双缝干涉实验中,波长 $\lambda = 600$ nm 的单色平行光垂直入射到缝间距 $d = 1.5 \times 10^{-4}$ m 的双缝上,屏到双缝的距离 $D = 1.5$ m 则中央明纹的宽度为_____。

(6) 在双缝干涉实验装置中,两个缝用厚度均为 d,折射率分别为 n_1 和 n_2 的透明介质膜覆盖($n_1 > n_2$),波长为 λ 的单色平行光垂直入射到间距为 d 的双缝上,在屏幕中央 O 处两束相干光的相位差 $\Delta\varphi =$ _____。

(7) 有两个玻璃板构成的空气劈尖中,用波长 λ 的光垂直入射,则第 k 级明纹和第 $k + 5$ 级明纹的厚度差为_____。

(8) 用波长分别为 $\lambda_1 = 550$ nm 和 $\lambda_2 = 600$ nm 的两种光先后照射倾角为 $\theta = 0.05$ rad 的空气劈尖上,则得到的两种干涉条纹的间距为_____。

(9) 用某光源观察牛顿环,平凸透镜的曲率半径 $R = 8$ m,测得第 k 级暗环的半径 $r_k = 3$ mm,第 $k + 4$ 级暗环的半径为 $r_{k+4} = 5$ mm,则所用光源的波长为_____。

(10) 在迈克尔孙干涉实验中,观察到干涉条纹恰好移动 2 000 条,入射光的波长为 600 nm,则可动反射镜平移的距离为_____。

3. 计算题

(1) 在双缝干涉实验中,用钠灯作光源,其波长 $\lambda=589.3$ nm,屏与双缝的距离 $D=500$ mm,求 $d=1.2$ mm 和 $d=5$ mm 两种情况下,相邻明条纹间距为多大。(小数点后保留一位有效数字)

(2) 已知空气劈尖的劈尖角为 $\theta=10^{-4}$ rad,现移动空气劈尖的上玻璃板使劈尖角变为 $\theta'=1.5\times10^{-4}$ rad,设入射光的波 $\lambda=550$ nm,求从劈棱数起第 10 级明纹的位移 Δx。(小数点后保留一位有效数字)

(3) 空气劈尖的一端放置一根细钢丝,用一束波长为 550 nm 的光照射时,细钢丝处恰为明纹,且细钢丝接触位置到劈棱处共有 300 条明条纹,求细钢丝的直径为多少。(小数点后保留两位有效数字)

(4) 观察空气牛顿环时,第 k 级暗环的半径为 $r_k=0.8$ mm 和第 $k+5$ 级暗环的半径为 $r_{k+5}=1.8$ mm,设入射光波长为 $\lambda=600$ nm,求透镜的曲率半径 R。(小数点后保留两位有效数字)

(5) 有一空气牛顿环装置,第 10 级明环的半径为 1.5 cm,现向透镜与玻璃板之间充以介质折射率为 n 的液体时,第 10 级明环的半径变为 1.2 cm,则该液体的折射率是多少?(小数点后保留两位有效数字)

第 2 章　光的衍射

教 学 要 点

1. 教学要求

（1）了解惠更斯-菲涅尔原理。

（2）掌握单缝夫琅禾费衍射。

（3）掌握光栅衍射。

2. 教学重点

（1）单缝夫琅禾费衍射。

（2）光栅衍射。

3. 教学难点

（1）菲涅尔半波带。

（2）单缝夫琅禾费衍射中一些物理量的计算。

（3）光栅衍射中一些物理量的计算及光谱分析。

内 容 概 要

1. 惠更斯-菲涅耳原理

波在传播过程中，从同一波阵面上各点发出的子波，经传播而在空间某点相遇时，产生相干叠加。

2. 单缝夫琅禾费衍射

（1）产生明暗纹的条件为 $\delta = a\sin\theta = \begin{cases} \pm k\lambda & 暗纹 \\ \pm(2k+1)\dfrac{\lambda}{2} & 明纹 \end{cases} k=1,2,\cdots$

(2) 明暗纹的中心位置坐标为 $x = \begin{cases} \pm k\dfrac{f\lambda}{a} & \text{暗纹} \\ \pm(2k+1)\dfrac{f\lambda}{2a} & \text{明纹} \end{cases}$ $k = 1, 2, \cdots$

(3) 中央明纹的线宽度为 $\Delta x_0 = 2\dfrac{f\lambda}{a}$，半角宽度为 $\Delta\theta_0 = \dfrac{\lambda}{a}$，其他明纹的线宽度均为中央明纹宽度的一半。

3. 圆孔衍射

(1) 最小分辨角为 $\theta_0 = 1.22\dfrac{\lambda}{D}$。

(2) 分辨率为 $R = \dfrac{1}{\theta_0} = 0.82\dfrac{D}{\lambda}$。

4. 光栅衍射

(1) 光栅方程：
$$\delta = d\sin\theta = (a+b)\sin\theta = \pm k\lambda \quad (k = 0, 1, 2)$$

(2) 缺级条件：
$$\begin{cases} (a+b)\sin\theta = \pm k\lambda, k = 0, 1, 2, \cdots & \text{干涉出现明纹} \\ a\sin\theta = \pm k'\lambda, k' = 1, 2, \cdots & \text{衍射出现暗纹} \end{cases}$$

推出缺级级数 $k = \pm\dfrac{a+b}{a}k' = \pm\dfrac{d}{a}k'$ $(k' = 1, 2, \cdots)$

5. X 射线衍射的布拉格公式

$$2d\sin\varphi = k\lambda$$

例 题 赏 析

例 3-2-1 在单缝夫琅禾费衍射中，两种波的波长分别为 $\lambda_1 = 500$ nm，$\lambda_2 = 700$ nm，单缝宽度为 $a = 0.10$ mm，透镜焦距为 0.5 m，求：

① 两种波长的光的中央明纹宽度分别为多；

② 两种波长的光第 1 级衍射明纹中心之间的距离是多少。

解析：

① 由中央明纹的宽度公式

$$\Delta x = \dfrac{2f\lambda}{a}$$

入射光波长为 $\lambda_1 = 500$ nm 时，中央明纹的宽度为

$$\Delta x_1 = \frac{2f\lambda_1}{a} = \frac{2 \times 0.5 \times 500 \times 10^{-9}}{0.1 \times 10^{-3}} = 5 \times 10^{-3} \text{ m}$$

入射光波长为 $\lambda_2 = 700$ nm 时,中央明纹的宽度为

$$\Delta x_2 = \frac{2f\lambda_2}{a} = \frac{2 \times 0.5 \times 700 \times 10^{-9}}{0.1 \times 10^{-3}} = 7 \times 10^{-3} \text{ m}$$

② 由第 1 级衍射明纹中心公式,得

$$\Delta x_1 = \frac{3f\lambda_1}{2a} = \frac{3 \times 0.5 \times 500 \times 10^{-9}}{2 \times 0.1 \times 10^{-3}} = 3.75 \times 10^{-3} \text{ m}$$

$$\Delta x_2 = \frac{3f\lambda_2}{2a} = \frac{3 \times 0.5 \times 700 \times 10^{-9}}{2 \times 0.1 \times 10^{-3}} = 5.25 \times 10^{-3} \text{ m}$$

所以

$$\Delta x = \Delta x_2 - \Delta x_1 = 5.25 \times 10^{-3} - 3.75 \times 10^{-3} = 1.5 \times 10^{-3} \text{ m}$$

例 3-2-2 如图 3-5 所示,晚上在一平直公路的远处驶来一辆汽车,假设该车的两个大灯相距 $L = 1.1$ m,车灯射出光的波长是 500 nm,人眼在夜间的瞳孔直径为 $d = 5$ mm,则汽车离人多远能分辨出这两盏车大灯?

解析:根据瑞利准则(最小分辨角公式),有

$$\theta = \frac{1.22\lambda}{d}$$

由弧长定律

$$\theta = \frac{L}{S}$$

可得

$$S = \frac{Ld}{1.22\lambda} = \frac{1.1 \times 5 \times 10^{-3}}{1.22 \times 500 \times 10^{-9}} \approx 9 \times 10^3 \text{ m}$$

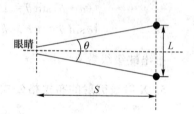

图 3-5 例题 3-2-2 图

例 3-2-3 用天文望远镜观测天空中的两颗星星,假设这两颗星星相对于望远镜的张角为 4.6×10^{-6} rad,两颗星星发出的光波波长均为 $\lambda = 550$ nm,若要分辨出这两颗星星,望远镜的孔径至少要多大?

解析:由最小分辨角公式

$$\theta = 1.22\frac{\lambda}{D}$$

可得

$$D = 1.22\frac{\lambda}{\theta} = \frac{1.22 \times 550 \times 10^{-9}}{4.6 \times 10^{-6}} \approx 15 \text{ cm}$$

例 3-2-4 假设一直径为 2×10^{-3} m 的激光束射向月球,已知激光的波长为 600 nm,地球与月球间的距离为 3.84×10^5 km,求:

① 该激光束在月球上的光斑的直径为多大；

② 如果将激光的直径扩展为 0.2 m，则在月球上的光斑的直径变为多大。

解析：① 由艾里斑的衍射角公式

$$\theta = 1.22 \frac{\lambda}{D}$$

可得月球上的光斑的直径

$$D = 2L\theta = 2 \times L \times 1.22 \frac{\lambda}{d}$$

$$= \frac{2 \times 3.84 \times 10^8 \times 1.22 \times 600 \times 10^{-9}}{2 \times 10^{-3}}$$

$$\approx 2.81 \times 10^5 \text{ m}$$

② 如果将激光的直径扩展为 0.2 m，则

$$\frac{0.2}{2 \times 10^{-3}} = 100$$

由公式可知，当 d 增大为原来的 100 倍时，艾里斑的直径为原来的百分之一，即激光的直径扩展为 0.2 m，在月球上的光斑的直径变为 281 m。

例 3-2-5 某军用侦察卫星在距地面 $L = 160$ km 的轨道上运行，该卫星配备了一电子透镜，为了使地面上相距为 $\Delta x = 0.15$ m 的两个点能被分辨清，求该电子透镜的孔径为多大。（设入射光的波长为 550 nm）

解析：由弧长定律的近似公式

$$\theta = \frac{\Delta x}{L} = \frac{1.5 \times 10^{-1}}{1.6 \times 10^5} \approx 9.4 \times 10^{-7} \text{ rad}$$

由最小分辨角公式

$$\theta = 1.22 \frac{\lambda}{D}$$

可得

$$D = 1.22 \frac{\lambda}{\theta} = \frac{1.22 \times 550 \times 10^{-9}}{9.4 \times 10^{-7}} \approx 0.71 \text{ m}$$

例 3-2-6 波长为 600 nm 的单色光垂直入射在一光栅上，有两个相邻主极大明纹分别出现在 $\sin\theta_1 = 0.2$ 与 $\sin\theta_2 = 0.3$ 处，且第 4 级缺级。试求：

① 光栅常数；

② 光栅狭缝的最小宽度；

③ 按上述选定的缝宽和光栅常数，写出光屏上实际呈现的全部级数。

解析：

① 由光栅方程，得

$$d\sin\theta_1 = k\lambda, d\sin\theta_2 = (k+1)\lambda$$

将两式相减，得

$$d(\sin\theta_2 - \sin\theta_1) = \lambda$$

故光栅常数

$$d = \frac{\lambda}{\sin\theta_2 - \sin\theta_1} = 6 \times 10^{-6} \text{ m}$$

② 由于第 4 级主极大缺级，故满足下列关系

$$d\sin\theta = 4\lambda, a\sin\theta = k\lambda$$

将两式相比，得

$$\frac{a}{d} = \frac{k}{4}$$

所以，取 $k=1$ 时为最小缝宽。因此最小缝宽为

$$a = \frac{d}{4} = 1.5 \times 10^{-6} \text{ m}$$

③ 由光栅方程有

$$\sin\theta = \frac{k\lambda}{d} < 1$$

所以，屏上能呈现的干涉条纹的最高级数为

$$k < \frac{d}{\lambda} = 10$$

又

$$k = \pm\frac{d}{a}k' = \pm 4k' \quad (k' = 1, 2, \cdots)$$

所以，$k = \pm 4, \pm 8$ 缺级。

所以有 $k = 0, \pm 1, \pm 2, \pm 3, \pm 5, \pm 6, \pm 7, \pm 9$，共 15 条主极大条纹出现。

习 题 选 编

1. 选择题

(1) 一束自然光射入单缝上，则对于形成的衍射条纹，下列叙述正确的是（　　）。

A. 形成的衍射条纹仍为白色

B. 不能形成衍射条纹

C. 形成的衍射条纹彩色,且同一级条纹中红色条纹靠近中央明纹

D. 形成的衍射条纹彩色,且同一级条纹中紫色条纹靠近中央明纹

(2) 单色平行光垂直入射在单缝上,当狭缝宽度减小时,除中央明纹外的各级衍射条纹将如何变化?(　　)

A. 对应衍射角变小　　　　　　　B. 对应衍射角变大

C. 对应衍射角不变　　　　　　　D. 对应衍射角不能确定

(3) 一波长为 λ 的单色光照射某一单缝时发生夫琅禾费衍射现象,设中央明纹的衍射角范围很小,现使单缝宽度变为原来的 1/2,入射光的波长变为原来的 3/4,则屏幕上观测到的中央明纹的宽度变为原来的(　　)。

A. 3/4　　　　B. 3/2　　　　C. 2/3　　　　D. 4/3

(4) 在一个封闭的正方形纸盒上用针扎一个小孔,当一束单色光通过小孔射入纸盒时,在纸盒的内壁上呈现的图样是(　　)。

A. 一个和小孔等大的亮点

B. 两个相互重叠的亮点

C. 中央处一明亮的亮斑,亮斑外全部是黑色

D. 中央是明亮的亮斑,周围有一组较弱的明暗相间的同心圆环

(5) 波长为 600 nm 的光照射到每厘米 5 000 条刻线的光栅上,则最多能观察到的级数是(　　)。

A. 2 级　　　　B. 3 级　　　　C. 4 级　　　　D. 5 级

2. 填空题

(1) 波长为 λ 的单色光垂直入射在缝宽为 3λ 的单缝上,对应于衍射角为 $30°$,则单缝处的波面可划分为_____个半波带。

(2) 在白光形成的单缝衍射条纹中,某波长的光的第 3 级明纹和波长为 630 nm 的红光的第 2 级明纹重合,则该光波的波长是_____。

(3) 在进行光栅衍射时,光栅常数越小,各谱线的间距_____,波长越长,相邻两级谱线间距_____。

(4) 一观察者通过缝宽为 0.6 mm 的单缝,观察距其 500 m,发出波长为 600 nm 的单色光的两盏单丝灯,则观察者能分辨两灯的最小距离为_____。

(5) 一束单色光垂直入射在光栅上,衍射光谱中共出现 5 条明纹,已知光栅透光和不透光部分宽度相等,则在中央明纹一侧的两条明纹分别是第_____级和第_____级。

3. 计算题

(1) 有一缝宽为 0.1 mm 的单缝,其后放置一焦距为 50 cm 的凸透镜,在凸透

镜的焦平面上放置一衍射光屏,用波长为 500 nm 的单色平行光垂直照射在该狭缝上,求:

① 中央明纹宽度;

② 第 3 级暗纹到中央明纹中心的距离。

(2) 某天文台一望远镜的孔径为 6 m,如果望远镜所用的波长取 600 nm,月球到地球间的距离为 3.8×10^8 m,则月球上间隔多大的两个点能被该天文望远镜分辨?

(3) 某人夜间瞳孔的直径为 4 mm,入射光的波长为 500 nm,迎面驶来的汽车上,两盏前车灯的间隔为 1.5 m,则该车离人多远时能被分辨出是两盏前车灯?

(4) 分别用波长为 400 nm 和 600 nm 的单色光垂直照射在光栅上,光栅后透镜的焦距为 0.5 m,在屏幕上观察图样,在距离中央明纹 5 cm 处,波长为 400 nm 的光的第 $k+1$ 级明纹和波长为 600 nm 的光的第 k 级明纹相重合,求:

① k 的大小;

② 光栅常数 d 的大小。

(5) 波长为 589 nm 的单色光垂直照射在 1 cm 内有 5 000 条刻痕的光栅上,设透镜焦距为 $f=1$ m,求:

① 能看到最大的光谱级次是第几级;

② 若用白光垂直入射时,求第 1 级光谱线的宽度。(红光波长为 760 nm,紫光波长为 400 nm)

第 3 章 光的偏振

教 学 要 点

1. 教学要求

（1）理解自然光和线偏振光。
（2）理解布儒斯特定律及马吕斯定律。
（3）了解双折射现象。
（4）了解线偏振光的获得方法和检验方法。

2. 教学重点

布儒斯特定律及马吕斯定律。

3. 教学难点

布儒斯特定律及马吕斯定律。

内 容 概 要

1. 光的偏振

这是电磁波为横波的一种表现。光波中电场矢量是光矢量，有三种偏振态。

非偏振光：又叫自然光，光矢量各向分布均匀，振幅相等。各方向的光矢量是不相干的。

线偏振光（也称完全偏振光）：只在某一方向有光矢量存在的光叫线偏振光。它的光矢量方向和光传播方向构成振动面。在光向前传播的同时，光矢量连续旋转的光叫作椭圆偏振光或圆偏振光。

部分偏振光：自然光和线偏振光的混合。

2. 马吕斯定律

光振动方向和通光方向成 θ 角时，根据光振动振幅的分解，可得透射光强度与入射光强度的关系为 $I = I_0 \cos^2 \alpha$。

3. 布儒斯特定律

光线由介质 1 射向介质 2 时，$\tan i_0 = \dfrac{n_2}{n_1} = n_{21}$。

例题赏析

例 3-3-1 一束光强为 I_0 的自然光，依次通过 P_1、P_2 两个偏振片，P_1 与 P_2 的夹角为 $\dfrac{\pi}{4}$，求自然光通过两个偏振片后的光强。

解析： 自然光通过第一个偏振片 P_1 后，光强变为原来的一半，即 $I_1 = \dfrac{I_0}{2}$，通过第二个偏振片 P_2 后，

$$I = I_1 \cos^2 \alpha = \dfrac{I_0}{2} \cos^2 \dfrac{\pi}{4} = \dfrac{I_0}{2} \times \left(\dfrac{\sqrt{2}}{2}\right)^2 = \dfrac{1}{4} I_0$$

例 3-3-2 一束光强为 I_0 的自然光，依次通过 P_1、P_2、P_3 三个偏振片，透射光强为 $I = \dfrac{I_0}{8}$，若 P_1 和 P_3 的偏振化方向垂直，求 P_2 转过多少度时才能使透射光强为零。

解析： 设 P_1 与 P_2 间夹角为 α，P_2 与 P_3 间夹角为 $\dfrac{\pi}{2} - \alpha$。

由马吕斯定律公式 $I = I_0 \cos^2 \alpha$ 知，自然光依次通过 P_1、P_2、P_3 三个偏振片后，得

$$I = \dfrac{I_0}{2} \cos^2 \alpha \cos\left(\dfrac{\pi}{2} - \alpha\right)^2 = \dfrac{1}{8} I_0$$

解得 $\alpha = \dfrac{\pi}{4}$。

当 P_2 转过后与 P_1 成 β 角时，

$$I = \dfrac{I_0}{2} \cos^2 \beta \cos\left(\dfrac{\pi}{2} - \beta\right)^2 = 0$$

解得 $\beta = \dfrac{\pi}{2}$，

则 P_2 至少要转过的角度为

$$\beta - \alpha = \dfrac{\pi}{2} - \dfrac{\pi}{4} = \dfrac{\pi}{4}$$

例 3-3-3 一束光从折射率 $n_2 = 1.50$ 的玻璃射向折射率 $n_1 = 1.33$ 的水时，起

偏角 i 为多少？如果两种介质不变，光从水中射向玻璃时的起偏角 i' 为多少？

解析：① 由布儒斯特定律 $\tan i = \dfrac{n_\text{折}}{n_\text{反}}$，得

$$\tan i = \dfrac{n_\text{水}}{n_\text{玻璃}} = \dfrac{1.33}{1.50} = 0.89$$

即 $i = 41°34'$。

② 由布儒斯特定律 $\tan i = \dfrac{n_\text{折}}{n_\text{反}}$，得

$$\tan i = \dfrac{n_\text{玻璃}}{n_\text{水}} = \dfrac{1.50}{1.33} = 1.13$$

即 $i' = 48°30'$。

另由发生布儒斯特现象时，折射光线与反射光线垂直，

$$i' = \dfrac{\pi}{2} - i = 90° - 41°34' = 48°30'$$

例 3-3-4 一束自然光和线偏振光的混合光，通过一偏振片，若以光束为轴旋转偏振片，测得透射光强度最大值为最小值的 5 倍，求入射光中线偏振光与自然光的光强比值。

解析：自然光通过偏振片后，光强变为原来的一半。

当线偏振光的偏振化方向与偏振片的偏振化方向平行时，透射光强与入射光强一样；当线偏振光的偏振化方向与偏振片的偏振化方向垂直时，透射光强为零，即没有光射出。设自然光的光强为 I_0，线偏振光的光强为 I_1，则透射光强的最大值与最小值由线偏振光的透射光强决定。

当线偏振光的偏振化方向与偏振片的偏振化方向平行时，透射光强最大

$$I_\text{max} = \dfrac{I_0}{2} + I_1$$

当线偏振光的偏振化方向与偏振片的偏振化方向垂直时，透射光强最小

$$I_\text{min} = \dfrac{I_0}{2}$$

由已知条件可知 $I_\text{max} = 5 I_\text{min}$

即

$$\dfrac{I_0}{2} + I_1 = \dfrac{5 I_0}{2}$$

解得

$$I_1 = 2 I_0$$

所以

$$\dfrac{I_1}{I_0} = \dfrac{2}{1}$$

习 题 选 编

1. 选择题

(1) 自然光以起偏角 i_0 入射到某透明介质表面时,将发生布儒斯特现象,下列叙述正确的是(　　)。

　A. 反射光和折射光均为线偏振光　　B. 反射光的偏振强度比折射光低
　C. 反射光的偏振强度比折射光强　　D. 反射光的光振动平行于入射面

(2) 一束自然光和线偏振光的混合光,通过一偏振片,若以光束为轴旋转偏振片,测得透射光强度最大值为最小值的 3 倍,则入射光中线偏振光与自然光的光强比值为(　　)。

　A. 1∶1　　　　　B. 1∶2　　　　　C. 1∶3　　　　　D. 3∶1

(3) 两偏振片堆叠在一起,一束自然光垂直入射其上时没有光线通过,当其中一偏振片慢慢转动 180° 时,透射光强度将如何发生变化?(　　)

　A. 光强单调增加
　B. 光强先增加,后又减小至零
　C. 光强先增加,后减小,再增加
　D. 光强先增加,然后减小,再增加,再减小至零

(4) 自然光以 60° 的入射角照射到不知其折射率的某一透明介质表面时,反射光为线偏振光,则(　　)。

　A. 折射光为线偏振光,折射角为 30°
　B. 折射光为部分偏振光,折射角为 30°
　C. 折射光为线偏振光,折射角为 60°
　D. 折射光为部分偏振光,折射角为 60°

(5) 一光强为 I_0 的自然光,先后通过两个偏振化方向成 60° 角的偏振片,则出射光强为(　　)。

　A. 0　　　　　B. $\frac{1}{2}I_0$　　　　　C. $\frac{1}{4}I_0$　　　　　D. $\frac{1}{8}I_0$

2. 填空题

(1) 由光学仪器的分辨率可知,透镜的孔径越大,分辨率越_____,光的波长越大,分辨率越_____。

(2) 在偏振片后观察透射光,如以光线为轴转动偏振片,若透射光强度无变化,则入射光为_____;若光强由转过 90°时由最大变为零,则入射光为_____;若

光强由转过 90°时由最大变为减小但不为零,则入射光为_____。

(3) 两个偏振片的偏振化方向成 45°,一束自然光通过两个偏振片后的光强为 $\frac{1}{4}I_0$,则通过第一个偏振片的光强为_____。

(4) 一束自然光入射到折射率分别为 n_1 和 n_2 的两种玻璃介质的交界面上,若反射光是线偏振光,那么折射角为_____。

(5) 自然光入射到空气和玻璃的分界面上,当入射角为 60°时,反射光为线偏振光,则玻璃的介质折射率为_____。

3. 计算题

(1) 一束自然光自水(折射率为 1.33)入射到空气表面上,若反射光是线偏振光,求:

① 入射光的入射角为多大;

② 折射角为多大。

(2) 在水(折射率 $n_1 = 1.33$)和一种玻璃(折射率 $n_2 = 1.56$)的交界面上,若自然光从玻璃中射向水,求此时的起偏角 i_B 为多少;自然光从水中射向玻璃,求起偏角 i_B' 为多少。

(3) 一束自然光通过两偏振片,当两偏振片的偏振化方向由 45°变成 30°,则透射光强的改变量为多少?

(4) 使一束光强为 I_0 的自然光先后通过三个偏振片 P_1、P_2、P_3。P_1 和 P_2 的偏振化方向的夹角为 α,P_1 和 P_3 的偏振化方向的夹角为 90°,求通过这两个偏振片后的光强 I。

(5) 一束自然光入射到一组偏振片上,这组偏振片由四块偏振片构成,这四块偏振片的排列关系是:每块偏振片的偏振化方向相对于前面的一块偏振片,沿顺时针方向转过了一个 30°的角。试求自然光出射时光强损失了多少。

第4篇 热 学

第1章 气体动理论

教 学 要 点

1. 教学要求

（1）了解气体分子热运动的图像。

（2）理解理想气体的压强公式和温度公式。通过推导气体压强公式，了解从提出模型、进行统计平均、建立宏观量与微观量的联系，到阐明宏观量的微观本质的思想和方法。

（3）能从宏观和统计意义上理解压强、温度、内能等的概念。了解系统的宏观性质是微观运动的统计表现。

（4）了解麦克斯韦速率分布率、速度分布函数和速率分布曲线的物理意义。了解气体分子热运动的算术平均速率、方均根速率。了解玻尔兹曼能量分布律。

（5）通过理想气体的刚性分子模型，理解气体分子平均能量按自由度均分定理，并会应用该定理计算理想气体的定压热容、定体积热容和内能。

（6）了解气体分子平均碰撞频率及平均自由程概念。

2. 教学重点

（1）理想气体的压强公式和温度公式。

（2）气体分子平均能量遵循自由度均分定理。

3. 教学难点

（1）理想气体的压强公式和温度公式。

（2）气体分子平均能量按自由度均分定理的应用。

第4篇 热学

内 容 概 要

1. 理想气体状态方程

$pV = \dfrac{m}{M}RT$（气体的质量为 m，摩尔质量为 M，$R = 8.31 \text{ J} \cdot \text{mol}^{-1} \cdot \text{K}^{-1}$）或 $p = nkT$（$k = 1.38 \times 10^{23} \text{ J} \cdot \text{K}^{-1}$）。

2. 理想气体压强公式

$p = \dfrac{2}{3} n \bar{\varepsilon}_K$，$n$ 为分子的数密度，

其中，$\bar{\varepsilon}_K = \dfrac{1}{2} m \overline{v^2}$，称为气体分子的平均平动动能。

3. 理想气体温度公式

$$\bar{\varepsilon}_K = \dfrac{3}{2} kT$$

4. 气体分子速率分布

(1) 气体分子速率分布函数 $f(v) = \dfrac{\mathrm{d}N_v}{N \mathrm{d}v}$。

(2) 归一化条件：$\int_0^\infty f(v) \mathrm{d}v = 1$。

(3) 麦克斯韦速率分布函数：$f(v) = 4\pi \left(\dfrac{m}{2\pi kT}\right)^{\frac{3}{2}} e^{-\frac{m}{2kT} v^2} v^2$。

(4) 三个特征速率：

① 最概然速率：$v_p = \sqrt{\dfrac{2kT}{m}} = \sqrt{\dfrac{2RT}{M}} = 1.41 \sqrt{\dfrac{kT}{m}}$；

② 平均速率：$\bar{v} = \sqrt{\dfrac{8kT}{\pi m}} = \sqrt{\dfrac{8RT}{\pi M}} = 1.60 \sqrt{\dfrac{kT}{m}}$；

③ 方均根速率：$\sqrt{\overline{v^2}} = \sqrt{\dfrac{3kT}{m}} = \sqrt{\dfrac{3RT}{M}} = 1.73 \sqrt{\dfrac{kT}{m}}$。

5. 玻耳兹曼分布律

$$\Delta N = n_0 \left(\dfrac{m}{2\pi kT}\right)^{\frac{3}{2}} e^{-\frac{\varepsilon_t + \varepsilon_P}{kT}} \mathrm{d}v_x \mathrm{d}v_y \mathrm{d}v_z$$

6. 重力场中气压公式

$$p = p_0 e^{-\frac{mgh}{kT}}$$

7. 分子数密度

$$n = n_0 e^{-\frac{mgh}{kT}}$$

8. 能量按自由度均分定理

在温度为 T 的平衡态物质中，分子的每个自由度都具有相同的平均动能 $\frac{1}{2}kT$。

每个分子的平均总能量为 $\bar{\varepsilon} = \frac{1}{2}(t+r+2s)kT$，其中，$t$、$r$、$s$ 分别为平动、转动与振动自由度。

对单原子分子：$t=3, r=s=0, \bar{\varepsilon}=\frac{3}{2}kT$。

对刚性双原子分子：$t=3, r=2, s=0, \bar{\varepsilon}=\frac{5}{2}kT$。

对非刚性双原子分子：$t=3, r=2, s=1, \bar{\varepsilon}=\frac{7}{2}kT$。

9. 1 mol 理想气体的内能

$$E = \frac{1}{2}(t+r+2s)RT$$

10. 质量为 m 的理想气体的内能

$$E = \frac{m}{M}\frac{1}{2}(t+r+2s)RT$$

11. 分子的平均碰撞频率

$$\bar{Z} = \sqrt{2}\pi d^2 n \bar{v}$$

12. 分子的平均自由程

$$\bar{\lambda} = \frac{\bar{v}}{\bar{Z}} = \frac{1}{\sqrt{2}\pi d^2 n} = \frac{kT}{\sqrt{2}\pi d^2 p}$$

13. 内摩擦

$$df = -\eta \left(\frac{du}{dz}\right)_{z_0} dS, \quad \eta = \frac{1}{3}mn\bar{v}\bar{\lambda} = \frac{1}{3}\rho\bar{v}\bar{\lambda}$$

14. 热传导

$$dQ = -\kappa \left(\frac{dT}{dz}\right)_{z_0} dSdt, \quad \kappa = \frac{1}{3}\rho\bar{v}\bar{\lambda}c_v$$

15. 扩散

$$dM = -D \left(\frac{d\rho}{dz}\right)_{z_0} dSdt, \quad D = \frac{1}{3}\bar{v}\bar{\lambda}$$

16. 范德瓦耳斯方程

$$\left(p+\frac{m^2}{M^2}\frac{a}{V^2}\right)\left(V-\frac{m}{M}b\right)=\frac{m}{M}RT$$

例 题 赏 析

例 4-1-1 两容器容积相同,装有相同质量的氧气及氮气,以一水平管相连通,管的正中央有一小滴水银,如图 4-1 所示。

(1) 如果两容器内气体的温度相同,水银滴能否保持平衡?

(2) 如果将氮的温度保持为 $t_1=0℃$,氧的温度保持为 $t_2=30℃$,水银滴如何移动?

(3) 要使水银滴不动,并维持两边温度差为 30℃,则氮的温度应为多少?

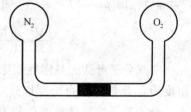

图 4-1 例题 4-1-1 图

解析:设氧的状态参量为 p_1、V_1、T_1,氧气和氮气的质量为 m,摩尔质量为 M_1;设氮的状态参量为 p_2、V_2、T_2,摩尔质量为 M_2。由理想气体状态方程,可得

$$V_1=\frac{m}{M_1}\frac{RT_1}{p_1}$$

$$V_2=\frac{m}{M_2}\frac{RT_2}{p_2}$$

(1) 若 $T_1=T_2=T$,当水银滴处于平衡位置时,有

$$p_1=p_2=p$$

又

$$M_1>M_2$$

所以,$V_1<V_2$,因此水银滴向 O_2 方向移动。

(2) $T_1=273+30=303$ K,$T_2=273$ K,$p_1=p_2=p$,所以

$$V_1=\frac{303MR}{32P},V_2=\frac{273MR}{28P}$$

则,$V_1<V_2$。因此水银滴向 O_2 方向移动。

(3) 若 $V_1=V_2$,$pT_1=T_2+30$,$p_1=p_2=p$,则

$$\frac{mRT_1}{M_1p}=\frac{mRT_2}{M_2p}$$

所以
$$\frac{T_1}{M_1}=\frac{T_2}{M_2}$$

即
$$\frac{T_2+30}{T_2}=\frac{32}{28}$$

解得 $T_2=210$ K，即 $t_2=-63$ ℃。

例 4-1-2 一个容积为 10 cm³ 的电子管，管内空气压强约为 6.67×10^{-4} Pa，温度为 300 K。试计算管内全部空气分子的平均平动动能总和、平均转动动能总和、平均动能总和各为多少。

解析：由 $p=nkT=\frac{N}{V}kT$，知

$$N=\frac{pV}{kT}=\frac{6.67\times10^{-4}\times10^{-5}}{1.38\times10^{-23}\times300}=1.61\times10^{12}\text{个}$$

空气分子可认为是刚性双原子分子，其平动自由度为 3，转动自由度为 2，总自由度为 5，据能量按自由度均分定理，可求得：

分子的平均平动动能总和为

$$\bar{\varepsilon}_{平}=\frac{3}{2}NkT=\frac{3}{2}\times1.61\times10^{12}\times1.38\times10^{-23}\times300=1\times10^{-8}\text{ J}$$

分子的平均转动动能总和为

$$\bar{\varepsilon}_{转}=\frac{2}{2}NkT=0.67\times10^{-8}\text{ J}$$

分子的平均动能总和为

$$\bar{\varepsilon}_k=\frac{5}{2}NkT=1.67\times10^{-8}\text{ J}$$

例 4-1-3 试由麦克斯韦速度分布律求证每秒和单位面积器壁相碰的分子数是 $\frac{1}{4}n\bar{v}$（式中，n 是容器单位体积内的分子数，$\bar{v}$ 是分子运动的平均速率）。

解析：单位体积中，速率在 $v_x\sim v_x+dv_x$ 之间的分子数为 $nf(v_x)dv_x$，在 dt 时间中能与 dS 面积相碰的分子数是位于以 dS 为底、$v_x\cdot dt$ 为高的柱体内的分子，这些分子中速率在 $v_x\sim v_x+dv_x$ 之间的分子数为

$$nf(v_x)dv_x\cdot(v_x dt dS)$$

单位时间碰到单位器壁上的分子数为

$$dN=nf(v_x)\cdot v_x dv_x=n\left(\frac{m}{2\pi kT}\right)^{\frac{1}{2}}v_x e^{-\frac{mv_x^2}{2kT}}dv_x$$

由于 $v_x<0$ 的分子不可能与 dS 相碰，故上式从 0 到 ∞ 对 v_x 积分，即得每秒碰到单位器壁面上的分子数为

$$N = \int_0^\infty dN$$
$$= \int_0^\infty n \left(\frac{m}{2\pi kT}\right)^{\frac{1}{2}} e^{-\frac{mv_x^2}{2kT}} v_x dv_x$$
$$= n \left(\frac{m}{2\pi kT}\right)^{\frac{1}{2}} \left(\frac{-kT}{m}\right) e^{-\frac{mv_x^2}{2kT}} \bigg|_0^\infty$$
$$= n \left(\frac{m}{2\pi kT}\right)^{\frac{1}{2}} \left(\frac{kT}{m}\right)$$
$$= n \left(\frac{kT}{2\pi m}\right)^{\frac{1}{2}}$$
$$= \frac{1}{4} n \bar{v}$$

例 4-1-4 具有活塞的容器中盛有一定量的气体,如果压缩气体并对其进行加热,使它的温度由 27℃ 升到 177℃,而体积减小一半,问:

① 气体压强变化多少;

② 此时气体分子的平均平动动能变化多少;分子的方均根速率变化多少。

解析:

① 由理想气体状态方程

$$\frac{p_2 V_2}{T_2} = \frac{p_1 V_1}{T_1}$$

又 $V_2 = \frac{1}{2} V_1, T_1 = 273 + 27 = 300 \text{ K}, T_2 = 273 + 177 = 450 \text{ K}$

有 $p_2 = p_1 \cdot \frac{V_1}{V_2} \cdot \frac{T_2}{T_1} = p_1 \cdot 2 \times \frac{450}{300} = 3 p_1$

② 据题意

$$\bar{\varepsilon}_1 = \frac{3}{2} k T_1, \bar{\varepsilon}_2 = \frac{3}{2} k T_2$$

$$\bar{\varepsilon}_2 = \bar{\varepsilon}_1 \frac{T_2}{T_1} = \bar{\varepsilon}_1 \times \frac{450}{300} = 1.5 \bar{\varepsilon}_1$$

温度为 T_1 时,方均根速率为

$$(\sqrt{\overline{v^2}})_1 = \sqrt{\frac{3RT_1}{M_{\text{mol}}}}$$

温度为 T_2 时,方均根速率为

$$(\sqrt{\overline{v^2}})_2 = \sqrt{\frac{3RT_2}{M_{\text{mol}}}}$$

所以
$$\frac{(\sqrt{\overline{v^2}})_2}{(\sqrt{\overline{v^2}})_1}=\sqrt{\frac{T_2}{T_1}}=\sqrt{1.5}=1.22$$

例 4-1-5 1909 年,皮兰利用显微镜观察液体中悬浮乳胶微粒随高度的变化而实验地测出了阿伏伽德罗常量 N_A。实验中,皮兰使两层乳胶的高度差为 $100~\mu m$ 时,测得一层乳胶(温度为 $27.0℃$)的微粒温度恰好是另一层的两倍。已知乳胶微粒的直径为 $0.32~\mu m$,乳胶的密度比液体的密度大 $1.5×10^2~kg·m^{-3}$,求 N_A。

解析:由玻尔兹曼分布律,得
$$n=n_0 e^{-\frac{\Delta E}{kT}}$$

即
$$\Delta E=kT\ln\frac{n_0}{n}$$

其中,ΔE 为在重力和浮力共同作用下乳胶微粒的势能差,其大小为
$$\frac{4}{3}\pi\left(\frac{d}{2}\right)^3 \Delta\rho g\Delta Z$$

故有
$$\frac{4}{3}\pi\left(\frac{d}{2}\right)^3 \Delta\rho g\Delta Z=kT\ln\frac{n_0}{n}$$

即
$$N_A \frac{4}{3}\pi\left(\frac{d}{2}\right)^3 \Delta\rho g\Delta Z=RT\ln\frac{n_0}{n}$$
解得

$$N_A=\frac{RT\ln\frac{n_0}{n}}{\frac{4}{3}\pi\left(\frac{d}{2}\right)^3 \Delta\rho g\Delta Z}$$

$$=\frac{8.31\times300\times\ln 2}{\frac{4}{3}\times3.14\times\left(\frac{0.32}{2}\times10^{-6}\right)^3\times1.5\times10^2\times9.8\times100\times10^{-6}}$$

$$=6.81\times10^{23}~\text{mol}^{-1}$$

例 4-1-6 飞机起飞前机舱中的压强计指示为 $1.01\times10^5~Pa$,温度为 $27℃$。起飞后,压强计指示为 $8.08\times10^4~Pa$,温度不变,试计算飞机距地面的高度。

解析:由气压公式
$$p=p_0 e^{-\frac{Mgz}{RT}}$$

将上式取对数可得
$$z=\frac{RT}{Mg}\ln\frac{p_0}{p}=\frac{8.31\times300}{29\times10^{-3}\times9.8}\ln\frac{10.1}{8.08}=1.96\times10^3~\text{m}$$

例 4-1-7 $0℃$ 时,分别求 1 mol 的 He、H_2、O_2、NH_4、Cl_2、CO_2 的内能。温度升

高 1 K 时,内能分别增加多少?

解析:1 mol 理想气体的内能为

$$E_0 = \frac{i}{2}RT$$

对单原子分子(He)

$$E_0 = \frac{3}{2}RT = 3410 \text{ J}$$

对双原子分子(H_2、O_2、Cl_2)

$$E_0 = \frac{5}{2}RT = 5680 \text{ J}$$

对多原子分子(NH_4、CO_2)

$$E_0 = \frac{6}{2}RT = 6810 \text{ J}$$

温度升高 ΔT 时,内能增量为

$$\Delta E = \frac{i}{2}R\Delta T$$

温度升高 1 K 时,对单原子分子

$$\Delta E = \frac{3}{2}R = 12.5 \text{ J}$$

对双原子分子

$$\Delta E = \frac{5}{2}R = 20.8 \text{ J}$$

对多原子分子

$$\Delta E = \frac{6}{2}R = 24.9 \text{ J}$$

例 4-1-8 真空管的线度为 10^{-2} m,其中真空度为 1.33×10^{-3} Pa,设空气分子的有效直径为 3×10^{-10} m,求 27℃时,单位体积内的空气分子数、平均自由程和平均碰撞频率。

解析:

$$n = \frac{p}{kT} = \frac{1.33 \times 10^{-3}}{1.38 \times 10^{-23} \times 300} \approx 3.2 \times 10^{17} \text{ m}^{-3}$$

容器足够大时,

$$\bar{\lambda} = \frac{1}{\sqrt{2}\pi d^2 n} = \frac{1}{\sqrt{2}\pi \times (3 \times 10^{-10})^2 \times 3.2 \times 10^{17}} = 7.8 \text{ m}$$

此 $\bar{\lambda}$ 比真空管线度大得多,所以空气分子之间实际上不可能法向相互碰撞,而只能和管壁碰撞。所以,平均自由程就应是真空管的线度,即 $\bar{\lambda} = 10^{-2}$ m。所以平

均碰撞频率为

$$\bar{z} = \frac{\bar{v}}{\lambda} = \frac{1}{\lambda}\sqrt{\frac{8RT}{\pi M}} = \frac{1}{10^{-2}}\sqrt{\frac{8\times 8.31\times 300}{\pi\times 29\times 10^{-3}}} = 4.7\times 10^4 \text{ s}^{-1}$$

例 4-1-9 1 mm 厚度的一层空气可以保持 20 K 的温差,如果改用玻璃仍要维持相同的温差,而且使单位时间、单位面积内通过的热量相同,玻璃的厚度应为多少? 设二者的温度梯度都是均匀的[已知,对空气 $\kappa_1 = 2.38\times 10^{-2}$ W/(m·K),对玻璃 $\kappa_2 = 0.72$ W/(m·K)]。

解析:设空气传递的热量为 Q_1,通过玻璃传递的热量为 Q_2,则

$$Q_1 = -\kappa_1 \frac{dT_1}{dy_1} dS_1 dt_1, \quad Q_2 = -\kappa_2 \frac{dT_2}{dy_2} dS_2 dt_2$$

按题意有

$$\frac{Q_1}{dS_1 dt_1} = \frac{Q_2}{dS_2 dt_2}$$

又由于温度梯度均匀,故

$$\frac{dT_1}{dy_1} = \frac{\Delta T_1}{\Delta y_1}, \quad \frac{dT_2}{dy_2} = \frac{\Delta T_2}{\Delta y_2}$$

且 $\Delta T_1 = \Delta T_2$,所以 $\dfrac{\kappa_1}{\kappa_2} = \dfrac{\Delta y_1}{\Delta y_2}$,

即

$$\Delta y_2 = \frac{\kappa_2}{\kappa_1}\Delta y_1 = \frac{0.72}{2.38\times 10^{-2}}\times 1 = 30.3 \text{ mm}$$

例 4-1-10 1 mol 氧气的压强为 $1\,013\times 10^5$ Pa,体积为 5×10^{-5} m³,其温度是多少?

解析:因为氧气的压强很大,它与理想气体的偏差可能较大,所以用范德瓦尔斯方程求解。

1 mol 氧气的范德瓦尔斯方程为

$$\left(p+\frac{a}{V^2}\right)(V-b) = RT$$

已知氧气的 $a = 0.137\,8$ Pa·m⁶·mol⁻², $b = 3.183\times 10^{-5}$ m³·mol⁻¹

所以

$$T = \frac{\left(p+\dfrac{a}{V^2}\right)(V-b)}{R}$$

$$= \frac{\left(1\,013\times 10^5 + \dfrac{0.137\,8}{25\times 10^{-10}}\right)(5-3.183)\times 10^{-5}}{8.31}$$

$$= 342 \text{ K}$$

习题选编

1. 选择题

(1) 理想气体的体积为 V,压强为 p,温度为 T。一个分子的质量为 m,R 为摩尔气体常数,k 为玻尔兹曼常量,则该理想气体的分子数为( )。

A. $\dfrac{pV}{m}$ B. $\dfrac{pV}{kT}$ C. $\dfrac{pV}{RT}$ D. $\dfrac{pV}{mT}$

(2) 关于温度的意义有下面几种说法:
① 气体的温度是分子平均平动动能的量度;
② 气体的温度是大量气体分子热运动的集体表现,具有统计意义;
③ 温度的高低反映物质内部分子运动剧烈程度的不同;
④ 从微观上看,气体的温度表示每个气体分子的冷热程度。

这些说法中正确的是( )。

A. ①、②、④ B. ①、②、③ C. ②、③、④ D. ①、③、④

(3) 两瓶不同类别的理想气体,设分子平均平动动能相等,但其分子数密度不相等,则( )。

A. 压强相等,温度相等 B. 压强不相等,温度相等
C. 压强相等,温度不相等 D. 压强不相等,温度不相等

(4) 三个容器 A、B、C 中装有同种理想气体,其分子数密度 n 相同,而方均根速率之比为 $\overline{(v_A^2)}^{\frac{1}{2}} : \overline{(v_B^2)}^{\frac{1}{2}} : \overline{(v_C^2)}^{\frac{1}{2}} = 1:2:4$,则其压强之比 $p_A:p_B:p_C$ 为( )。

A. $1:2:4$ B. $1:4:8$ C. $1:4:16$ D. $4:2:1$

(5) 若 $f(v)$ 为气体分子速率分布函数,则 $\int_0^\infty v f(v) dv$ 的物理意义是( )。

A. 速率区间 $v \sim v+dv$ 内的分子数

B. 分子的平均速率

C. 速率区间 $v \sim v+dv$ 内的分子数占总分子数的百分比

D. 速率分布在 v 附近的单位速率区间中的分子数

(6) 做布朗运动的微粒系统可看作是在浮力 $mg\rho_0/\rho$ 和重力场的作用下达到平衡态的分子系统。设 m 为粒子的质量,ρ 为粒子的密度,ρ_0 为粒子在其中漂浮的流体的密度,并令 $z=0$ 处的势能为 0,则在 z 为任意值处的粒子数密度 n 为( )。

A. $n_0 e^{-\frac{mgz}{kT}} \cdot \left(1-\dfrac{\rho_0}{\rho}\right)$ B. $n_0 e^{\frac{mgz}{kT}}$ C. $n_0 e^{-\frac{mgz\rho_0}{kT}}$ D. $n_0 e^{\frac{mgz\rho_0}{kT\rho}}$

(7) 水蒸气分解成同温度的氢气和氧气,内能增加了百分之几(不计振动自由

度和化学能)？(   )

A. 66.7%   B. 50%   C. 25%   D. 0

(8) 一定量的某种理想气体若体积保持不变,则其平均自由程 $\bar{\lambda}$ 和平均碰撞频率 $\bar{Z}$ 与温度的关系是(   )。

A. 温度升高, $\bar{\lambda}$ 减少而 $\bar{Z}$ 增大
B. 温度升高, $\bar{\lambda}$ 增大而 $\bar{Z}$ 减少
C. 温度升高, $\bar{\lambda}$ 和 $\bar{Z}$ 均增大
D. 温度升高, $\bar{\lambda}$ 保持不变而 $\bar{Z}$ 增大

(9) 飞机以 $360 \text{ km} \cdot \text{h}^{-1}$ 的航速飞行,由于空气的黏滞作用,机翼能带动 4 cm 厚的空气层,则作用在机翼表面积 1 m^2 上的切向力大小为(空气的黏滞系数为 $0.18 \times 10^{-4} \text{ N} \cdot \text{s} \cdot \text{m}^{-2}$)(   )。

A. 0.045 N   B. 0.075 N   C. 0.025 N   D. 0.054 N

2. 填空题

(1) 目前可获得的极限真空度为 1×10^{-18} atm,设温度为 20℃,在此真空度下 1 cm^3 空气内平均有_____个分子。

(2) 容器中储有氮气,处于 $T = 300$ K 的平衡状态,氮气分子的方均根速率为_____。

(3) 某容器内储有一定量的氧气,处于 $T = 300$ K 的热平衡状态时,氧气分子的平均平动动能为_____,平均转动动能为_____,平动动能为_____。

(4) 用总分子数 N、气体分子速率 v 和速率分布函数 $f(v)$ 表示下列各量：

① 速率大于 v_0 的分子数 =_____;

② 速率大于 v_0 的那些分子的平均速率 =_____;

③ 多次观察某一分子的速率,发现其速率大于 v_0 的概率 =_____。

(5) 设气体分子服从麦克斯韦速率分布律, $\bar{v}$ 代表平均速率, Δv 为一固定的速率区间,则速率在 $\bar{v} \sim \bar{v} + \Delta v$ 范围内的分子数占分子总数的百分率随气体的温度升高而_____(填增加、降低或保持不变)。

(6) 已知大气压强随高度 h 的变化规律为 $p = p_0 e^{-\frac{M_{\text{mol}} g h}{RT}}$。设气温 $t = 5$℃,同时测得海平面的气压和山顶的气压分别为 750 mmHg 和 590 mmHg,则山顶的海拔高度 $h =$ _____ m(摩尔气体常量 $R = 8.31 \text{ J} \cdot \text{mol}^{-1} \cdot \text{K}^{-1}$,空气的摩尔质量 $M_{\text{mol}} = 29 \times 10^{-3}$ kg/mol, p_0 为 $h = 0$ 处的压强)。

(7) 压强为 p、体积为 V 的氢气(视为刚性分子理想气体)的内能为_____。

(8) 氮气在标准状态下的分子平均碰撞次数为 $5.42 \times 10^8 \text{ s}^{-1}$,分子的平均自由程为 6×10^{-6} cm,若温度不变,气压降为 0.1 atm 时,分子平均碰撞次数为_____ s^{-1},分子的平均自由程为_____ m。

3. 计算题

(1) 一容器内装有氧气,其压强 $p=1.01\times10^5$ Pa,温度 $t=27$℃。试求:

① 单位体积内的分子数;

② 氧气的密度;

③ 氧分子的质量;

④ 分子间的平均距离。

(2) 某种气体的方均根速率为 450 m/s,所处的压强为 7×10^4 Pa,求气体的质量密度 ρ。

(3) 一篮球充气后,其中有氮气 8.5 g,温度为 17℃,在空中以 65 km/h 的速度高速飞行。求:

① 一个氮分子(设为刚性分子)的热运动平均平动动能、平均转动动能和平均总动能;

② 球内氮气的内能;

③ 球内氮气的轨道动能。

(4) 设氢气的温度为 300 K,求速率为 3 000~3 010 m·s^{-1} 的分子数 n_1 与速率在 1 500~1 510 m·s^{-1} 的分子数 n_2 之比。

(5) 在 160 km 高空,空气密度为 1.5×10^{-9} kg/m^3,温度为 500 K。分子直径以 3.0×10^{-10} m 计,求该处空气分子的平均自由程与连续两次碰撞相隔的平均时间。

(6) 湖面上的空气处于稳定的温度 $t_1=-1$℃,已知湖水的温度 $t_0=0$℃,为了能在湖面上安全地滑冰,要求冰的厚度 $D=10$ cm,问经过多少时间后才可以安全地进行滑冰。设冰的溶解热 $\lambda=3.35\times10^5$ J·kg^{-1},冰的密度 $\rho=9.2\times10^2$ kg·m^{-3},冰的导热系数 $\kappa=2.09$ W·m^{-1}·K^{-1}。

(7) 在容积为 1 L 的高压容器内盛有 1 mol 的氧气,温度为 300 K。已知氧气的范德瓦尔斯修正量 $a=1.38\times10^5$ (L^2·Pa)/mol^2,$b=0.032$ L/mol^2,求:

① 若按范德瓦尔斯理论,仅考虑分子斥力的修正,氧气的压强应为多大;

② 若按范德瓦尔斯方程,氧气的压强应为多大,并与理想气体作比较。

第 2 章 热力学基础

教 学 要 点

1. 教学要求

(1) 掌握功和热量的概念。理解准静态过程。

(2) 掌握热力学过程中的功、热量、内能改变量和理想气体的定压热容、定体积热容的计算方法。

(3) 掌握卡诺循环等简单循环效率的计算方法。

(4) 了解可逆过程和不可逆过程。

(5) 了解热力学第二定律及其统计意义。了解熵增加原理和熵的玻耳兹曼表达式的物理意义。

2. 教学重点

(1) 定压热容、定体热容的计算。

(2) 简单循环效率的计算。

3. 教学难点

(1) 定压热容、定体积热容的计算。

(2) 简单循环效率的计算。

内 容 概 要

1. 准静态过程

热力学系统从一个平衡态到另一个平衡态的转变中,所经历的每一个中间态都无限接近平衡态,此过程为准静态过程,准静态的过程为理想化过程。实际过程只有进行得无限缓慢,才可以看作是准静态过程。

例如,对于一个简单的热力学系统,系统的每一个平衡态对应 p—V 图上的一个点,准静态过程对应 p—V 图上的一条曲线,称为过程曲线。

2. 功

在准静态过程中,理想气体的体积由 V_1 变为 V_2 时,对外界做的功为

$$W = \int_{V_1}^{V_2} p \mathrm{d}V$$

当气体膨胀,$V_2 > V_1$ 时,系统对外界做正功,$W > 0$;当气体被压缩,$V_2 < V_1$ 时,系统对外界做负功,$W < 0$。

3. 热量

在准静态过程中,系统的温度由 T_1 变为 T_2 时,向外界吸收的热量为

$$Q = \int_{T_1}^{T_2} \frac{m}{M} C \mathrm{d}T$$

其中,C 为准静态过程中的摩尔热容。

4. 内能

当系统与外界发生能量转换,而从一个状态变化到另一个状态时,无论它的转变过程如何,内能的改变(增量的数值)是确定的。如果系统从某一个状态出发,经历一系列状态变化过程又回到原态,即过程曲线在 p—V 图上形成一闭合曲线,那么系统的内能不变。

5. 热力学第一定律

$$Q = W + \Delta E$$

热力学第一定律的微分形式

$$\mathrm{d}Q = \mathrm{d}W + \mathrm{d}E$$

系统从外界吸收热量时,Q 为正值,系统向外界放出热量时,Q 为负值;系统对外做功时,W 取正值,外界对系统做功时,W 取负值;系统内能增加时,ΔE 为正值,系统内能减少时,ΔE 为负值。

6. 摩尔热容

一个系统在某一过程中,温度升高 1 K 时,所吸收的热量称为系统在该过程中的热容,其定义式为 $C = \dfrac{\mathrm{d}Q}{\mathrm{d}T}$。

(1) 定容热容:$C_V = \left(\dfrac{\mathrm{d}Q}{\mathrm{d}T}\right)_V$

理想气体的定容摩尔热容:$C_{V,m} = \dfrac{t+r+2s}{2}R = \dfrac{i}{2}R$

(2) 定压热容:$C_p = \left(\dfrac{\mathrm{d}Q}{\mathrm{d}T}\right)_p$

理想气体的定压摩尔热容:$C_{p,m} = \dfrac{i+2}{2}R$

(3) 摩尔热容比:$\gamma = \dfrac{C_p}{C_V} = \dfrac{i+2}{i}$

(4) 迈耶公式:$C_p = C_V + R$

7. 理想气体热力学过程的主要公式

(1) 等体积过程:体积不变的过程。

系统对外做功:$W_V = 0$

系统吸收的热量:$Q_V = \nu C_{V,m}(T_2 - T_1) = \nu \dfrac{i}{2} R(T_2 - T_1)$

系统内能的增量:$\Delta E = Q_V = \nu \dfrac{i}{2} R(T_2 - T_1)$

(2) 等压过程:压强不变的过程。

过程方程:$VT^{-1} = $ 常量

系统对外做功:$W_p = \displaystyle\int_{V_1}^{V_2} p\,dV = p(V_2 - V_1) = \nu R(T_2 - T_1)$

系统吸收的热量:$Q_p = \nu C_{p,m} \Delta T = \nu \left(\dfrac{i}{2} + 1\right) R(T_2 - T_1)$

系统内能的增量:$\Delta E = \nu \dfrac{i}{2} R(T_2 - T_1)$

(3) 等温过程:温度不变的过程。

过程方程:$PV = $ 常量

系统内能的增量:$\Delta E = 0$

系统对外做功:$W_T = \displaystyle\int_{V_1}^{V_2} p\,dV = \nu RT \ln \dfrac{V_2}{V_1}$

系统吸收的热量:$Q_T = W_T = \nu RT \ln \dfrac{V_2}{V_1}$

(4) 绝热过程:不与外界交换热量的过程。

过程方程:$pV^\gamma = $ 常量

系统吸收的热量:$Q = 0$

系统内能的增量:$\Delta E = \nu \dfrac{i}{2} R(T_2 - T_1)$

系统对外做功:$W_Q = -\Delta E = -\nu \dfrac{i}{2} R(T_2 - T_1)$

或 $\quad W_Q = \displaystyle\int_{V_1}^{V_2} p\,dV = \dfrac{1}{\gamma - 1}(p_1 V_1 - p_2 V_2) = \dfrac{\nu R}{\gamma - 1} R(T_1 - T_2)$

8. 循环过程

其特点是 $\Delta E=0$，准静态循环在 p—V 图上用一条闭合曲线表示。

正循环：系统从高温热源吸热，对外做功，向低温热源放热。

正循环的效率：$\eta = \dfrac{W}{Q_1} = 1 - \dfrac{Q_2}{Q_1}$

逆循环：也称冷循环，系统从低温热源吸热，接受外界做功向高温热源放热。

制冷系数：$\omega = \dfrac{Q_2}{W} = \dfrac{Q_2}{Q_1 - Q_2}$

9. 卡诺循环

系统只与两个恒温热源进行热交换的准静态循环过程，称为卡诺循环。

正循环的效率：$\eta_c = 1 - \dfrac{T_2}{T_1}$

制冷系数：$\omega_c = \dfrac{T_2}{T_1 - T_2}$

10. 可逆和不可逆过程

一个系统由某一状态出发，经过某一过程到达另一状态，如果存在另一过程，它能使系统和外界完全复原，则原来的过程为可逆过程；反之，如果用任何方法都不能使系统和外界复原，则称为不可逆过程。

不存在任何耗散效应（摩擦、黏滞、辐射、阻尼等）的准静态过程是可逆过程。自然界发生的一切实际过程都是不可逆的，如功热转换、热传导、扩散等。

11. 热力学第二定律

（1）开尔文表述：其唯一效果是热全部转变为功的循环过程是不可能的。

（2）克劳修斯表述：热量不能自动地由低温物体传向高温物体。

（3）微观意义：自然过程总是沿着使分子运动更加无序的方向进行。

12. 熵

（1）玻尔兹曼熵公式：$S = k\ln\Omega$，其中，Ω 是热力学概率，是某一宏观态对应的微观态数目。

（2）克劳修斯熵公式：$\mathrm{d}S = \left(\dfrac{\mathrm{d}Q}{T}\right)_{可逆}$

$$S_2 - S_1 = \int_1^2 \left(\dfrac{\mathrm{d}Q}{T}\right)_{可逆}$$

熵增加原理：孤立系统的熵永不减少，即 $\mathrm{d}S \geq 0$（等号用于可逆过程，不等号用于不可逆过程）。

例 题 赏 析

例 4-2-1 如图 4-2 所示，一定质量的理想气体，经准静态过程从状态 A 到状态 B，试在 p—V 图上用图形（或曲线所围面积）来表示系统在该过程中对外所做的功、内能的改变及吸取的热量。

解析：过 A 和 B 作 AD、BC 垂直于 V 轴，则曲边梯形 $ABCD$ 的面积即为 AB 过程中系统对外所做的功，即

$$W = \int_A^B p \, dV = S_{ABCDA}$$

为求出 AB 过程中系统内能的增量 ΔE，过 A 点作等温线 T_A，过 B 点作绝热线 S_B 与 T_A 交于 E，因为 $E_A = E_E$，所以

$$\Delta E = E_B - E_A = E_B - E_E$$

而 BE 为绝热过程，所以系统在该过程中内能的增量等于外界对系统所做的功，即系统对外界做功的负值，从图上看，相当于系统从 $E \to B$ 对外做功 W_{EB} 的负值，而 $W_{EB} = \int_B^E p \, dV = S_{EBCFE}$。所以，$\Delta E = E_B - E_A = -S_{EBCFE}$。

系统在 AB 过程中所吸收的热量 Q 为 $Q = \Delta E + W = S_{ABCDA} - S_{EBCFE}$。

例 4-2-2 一定质量的双原子分子气体沿如图 4-3 所示的方向进行，已知 ab 为等压过程，bc 为等温过程，cd 为等体积过程，求气体在 $abcd$ 过程中做的功、吸收的热量及内能的变化。

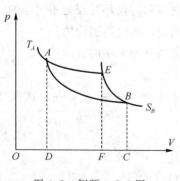

图 4-2 例题 4-2-1 图

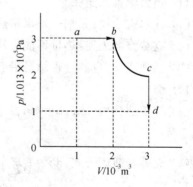

图 4-3 例题 4-2-2 图

解析：过程中做的功为各分过程做功的总和，即

$$W = W_{ab} + W_{bc} + W_{cd}$$

$$= p_a(V_b - V_a) + p_b V_b \ln \frac{V_c}{V_b} + 0$$

$$= 3 \times 1.013 \times 10^5 \times (2 \times 10^{-3} - 1 \times 10^{-3})$$

$$+ 3 \times 1.013 \times 10^5 \times 2 \times 10^{-3} \times \ln \frac{3 \times 10^{-3}}{2 \times 10^{-3}}$$

$$= 5.50 \times 10^2 \text{ J}$$

内能的增量

$$\Delta E = \frac{M}{\mu} \frac{i}{2} R(T_d - T_a)$$

$$= \frac{i}{2} R(p_d V_d - p_a V_a)$$

$$= \frac{5}{2} \times (1.013 \times 10^5 \times 3 \times 10^{-3} - 3 \times 1.013 \times 10^5 \times 1 \times 10^{-3})$$

$$= 0$$

吸收的热量

$$Q_{abcd} = \Delta E + W = 0 + 5.50 \times 10^2 = 5.50 \times 10^2 \text{ J}$$

例 4-2-3 某气缸内储有空气,压缩前空气的压强为 10^5 Pa,体积为 10 L,温度为 10℃,今将其绝热压缩,压缩终了时空气的体积为原来的 $\frac{10}{12}$。求:

① 压缩终了时空气的压强和温度;

② 在压缩过程中,外界对气体所做的功以及气体内能的变化。$\left(\text{空气视为理想气体,自由度} i = 5, \gamma = \frac{C_p}{C_V} = 1.4\right)$

解析:

① 绝热压缩,所以有

$$p_1 V_1^{\gamma} = p_2 V_2^{\gamma}$$

即

$$p_2 = p_1 \left(\frac{V_1}{V_2}\right)^{\gamma} = 10^5 \times \left(\frac{10}{10/12}\right)^{1.4} = 32.84 \times 10^5 \text{ Pa}$$

又由

$$T_1 V_1^{\gamma-1} = T_2 V_2^{\gamma-1}$$

得

$$T_2 = T_1 \left(\frac{V_1}{V_2}\right)^{\gamma-1} = 283 \times 12^{0.4} = 746.7 \text{ K}$$

② 绝热压缩过程外界对气体所做的功为

$$W = \frac{p_1 V_1 - p_2 V_2}{\gamma - 1} = \frac{10^5 \times 10 \times 10^{-3} - 32.84 \times 10^5 \times \frac{10}{12} \times 10^{-3}}{1.4 - 1}$$

$$= -4.34 \times 10^3 \text{ J}$$

根据热力学第一定律,对绝热压缩 $Q=0$,所以 $W=-\Delta E$,即外界对气体做功全部转化为气体内能的增加。

例 4-2-4 有双原子分子的理想气体为工作物质的热机循环,如图 4-4 所示,图中 $a \to b$ 为等容过程,$b \to c$ 为绝热过程,$c \to a$ 为等压过程。状态参量 p_1、V_1、p_2、V_2 为已知,求此循环的效率。

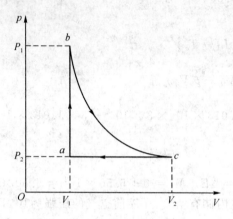

图 4-4 例题 4-2-4 图

解析:因为循环过程中,只有 ab 过程为吸热过程,ca 过程为放热过程,所以用公式 $\eta = 1 - \dfrac{Q_2}{Q_1}$ 求解。

$a \to b$ 过程, $Q_1 = \dfrac{m}{M} C_V (T_b - T_a) = \dfrac{m}{M} \dfrac{5}{2} R (T_b - T_a) = \dfrac{5}{2}(p_1 - p_2) V_2$

$c \to a$ 过程, $Q_2 = \dfrac{m}{M} C_p (T_c - T_a) = \dfrac{m}{M} \dfrac{7}{2} R (T_c - T_a) = \dfrac{7}{2} p_2 (V_1 - V_2)$

所以,循环过程中的效率为

$$\eta = 1 - \dfrac{Q_2}{Q_1} = 1 - \dfrac{7 p_2 (V_1 - V_2)}{5 V_2 (p_1 - p_2)}$$

例 4-2-5 一卡诺机在 400 K 和 300 K 之间工作:

① 若在正循环中,该机从高温热源吸热 5 000 J 热量,则将向低温热源放出多少热量?对外做功多少?

② 若使该机反向运转,当从低温热源吸收 5 000 J 热量,则将向高温热源放出多少热量?做功多少?

解析:

① 对卡诺热机

$$\eta = \frac{W}{Q_1} = \frac{Q_1 - Q_2}{Q_1} = \frac{T_1 - T_2}{T_1}$$

所以

$$Q_2 = Q_1 \left(1 - \frac{T_1 - T_2}{T_1}\right)$$

$$= 5\,000 \times \left(1 - \frac{400 - 300}{400}\right)$$

$$= 3\,750 \text{ J}$$

$$W = Q_1 \left(\frac{T_1 - T_2}{T_1}\right)$$

$$= 5\,000 \times \left(\frac{400 - 300}{400}\right)$$

$$= 1\,250 \text{ J}$$

② 对卡诺制冷机

$$w = \frac{Q_2}{A} = \frac{Q_2}{Q_1 - Q_2} = \frac{T_2}{T_1 - T_2}$$

$$Q_1 = Q_2 \left(1 + \frac{T_1 - T_2}{T_2}\right)$$

$$= 5\,000 \times \left(1 + \frac{400 - 300}{300}\right)$$

$$= 6\,667 \text{ J}$$

$$W = \frac{T_1 - T_2}{T_2} Q_2 = 5\,000 \times \frac{400 - 300}{300} = 1\,667 \text{ J}$$

例 4-2-6 有两个相同体积的容器，分别装有 1 mol 的水，初始温度分别为 T_1 和 T_2，$T_1 > T_2$，另其进行接触，最后达到相同温度 T，设水的摩尔热容为 C_{mol}，求熵的变化。

解析：设水的摩尔热容为 C_{mol}，则两个容器中的总熵变为

$$S - S_0 = \int_{T_1}^{T} \frac{C_{\text{mol}} \mathrm{d}T}{T} + \int_{T_2}^{T} \frac{C_{\text{mol}} \mathrm{d}T}{T} = C_{\text{mol}} \left(\ln \frac{T}{T_1} + \ln \frac{T}{T_2}\right) = C_{\text{mol}} \ln \frac{T^2}{T_1 T_2}$$

因为是两个相同体积的容器，故

$$C_{\text{mol}}(T - T_2) = C_{\text{mol}}(T_1 - T)$$

得

$$T = \frac{T_1 + T_2}{2}$$

所以
$$S - S_0 = C_{\text{mol}} \ln \frac{(T_1 + T_2)^2}{4T_1 T_2}$$

习题选编

1. 选择题

(1) 如图 4-5 所示，在 p—V 图中 1 mol 理想气体从状态 A 沿直线过程变化到状态 B，在此过程中系统的功和内能的变化是(　　)。

A. $W>0, \Delta E>0$ B. $W<0, \Delta E<0$
C. $W>0, \Delta E=0$ D. $W<0, \Delta E>0$

(2) 理想气体经历如图 4-6 所示的 abc 平衡过程，则该系统对外做功 W，从外界吸收的热量 Q 和内能的增量 ΔE 的正负情况为(　　)。

A. $\Delta E>0, Q>0, W<0$ B. $\Delta E>0, Q>0, W>0$
C. $\Delta E>0, Q<0, W<0$ D. $\Delta E<0, Q<0, W>0$

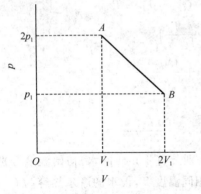

图 4-5　习题 1(1)图

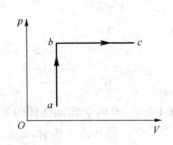

图 4-6　习题 1(2)图

(3) 如图 4-7 所示，一定量的理想气体经历 $abcd$ 过程时吸热 200 J，则经历 $acbda$ 过程时，吸热为(　　)。

A. $-1\,200$ J　　B. $-1\,000$ J　　C. -700 J　　D. $1\,000$ J

(4) 一定量的理想气体起始温度为 T，体积为 V，先经过绝热膨胀到体积 $2V$，再经等容过程使温度恢复到 T，最后在等温压缩过程中体积回到 V，则在此过程中(　　)。

A. 气体向外界放热　　　　　　B. 气体对外界做功

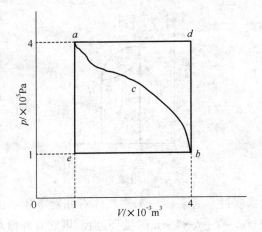

图 4-7　习题 1(3)图

C. 气体内能增加　　　　　　　　D. 气体内能减少

(5) 假设某一循环由等温过程和绝热过程组成(其绝热线与等温线交于两点组成循环),可以认为此循环过程(　　)。

A. 仅违反热力学第一定律

B. 仅违反热力学第二定律

C. 既违反热力学第一定律,又违反热力学第二定律

D. 既不违反热力学第一定律,又不违反热力学第二定律

(6) 根据热力学第二定律,以下说法正确的是(　　)。

A. 不可能从单一热源吸热使之全部变为有用的功

B. 任何热机的效率都总是小于卡诺热机的效率

C. 有规则运动的能量能够变为无规则运动的能量,但无规则运动的能量不能变为有规则运动的能量

D. 在孤立系统内,一切实际过程都向着热力学概率增大的方向进行

(7) 一卡诺热机在 500 K 和 300 K 两个热源之间工作,那么其效率为(　　)。

A. 60%　　　　　B. 40%　　　　　C. 25%　　　　　D. 20%

(8) 在一定量的理想气体向真空做绝热自由膨胀,体积由 V_1 增至 V_2,在此过程中,气体的(　　)。

A. 内能不变,熵增加　　　　　　B. 内能不变,熵减少

C. 内能不变,熵不变　　　　　　D. 内能增加,熵增加

2. 填空题

(1) 如图 4-8 所示,已知图中画不同斜线的两部分的面积分别为 S_1 和 S_2,

那么：

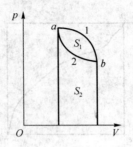

图 4-8 习题 2(1)图

① 如果气体的膨胀过程为 $a\to1\to b$，则气体对外做功 $W=$ _____ ；
② 如果气体进行 $a\to2\to b\to1\to a$ 的循环过程，则它对外做功 $W=$ _____ 。

(2) 下面给出理想气体状态方程的几种微分形式，指出它们各表示什么过程。

① $p\mathrm{d}V=\left(\dfrac{m}{M}\right)R\mathrm{d}T$ 表示 _____ 过程；

② $V\mathrm{d}p=\left(\dfrac{m}{M}\right)R\mathrm{d}T$ 表示 _____ 过程；

③ $p\mathrm{d}V+V\mathrm{d}p=0$ 表示 _____ 过程。

(3) 质量为 2.5 g 的氢气和氦气的混合气体，盛于某密闭的气缸里(氢气和氦气均视为刚性分子的理想气体)。若保持气缸的体积不变，测得此混合气体的温度每升高 1 K 需要吸收的热量为 2.25R(R 为摩尔气体常量)。由此可知，该混合气体中有氢气 _____ g。

(4) 一个循环过程如图 4-9 所示，请指出这个系统在哪个过程中吸热？在哪个过程中放热？

① $1\to2$ _____ ；
② $2\to3$ _____ ；
③ $3\to1$ _____ 。

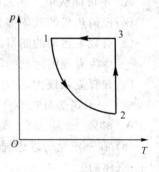

图 4-9 习题 2(4)图

(5) 某热机循环从高温热源获得热量 Q_H，并把热量 Q_L 排给低温热源，设高、低温热源的温度分别为 $T_H=1\,800$ K、$T_L=400$ K，试确定在下列条件下热机是可逆、不可逆或不可能存在。

① $Q_H=900$ J，$W_净=800$ J，_____ ；
② $Q_H=900$ J，$Q_L=200$ J，_____ ；
③ $W_净=1\,500$ J，$Q_L=500$ J，_____ 。

(6) 热力学第二定律表明,在自然界中与热现象有关的实际宏观过程都是不可逆的。开尔文表述指出了_____的过程是不可逆的,而克劳修斯表述指出了_____的过程是不可逆的。

(7) 若太阳表面温度为 5 800 K,地球表面温度为 298 K,当太阳向地球表面传递 4.6×10^4 J 热量时,系统的熵变为_____J/K。

3. 计算题

(1) 如图 4-10 所示,1 mol 氢气由状态 $A(p_1, V_1)$ 沿直线变到状态 $B(p_2, V_2)$,求这过程中内能的变化、吸收的热量、对外做的功。

(2) 一系统如图 4-11 所示,由 a 状态沿 acb 到达 b 状态,有 334 J 的热量传入系统,而系统对外做功 126 J:

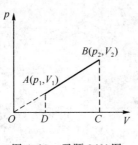

图 4-10 习题 3(1)图

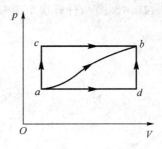

图 4-11 习题 3(2)图

① 若沿 adb 过程,系统做功 42 J,问有多少热量传入系统?

② 当系统由 a 状态沿曲线 ab 到达状态 b 时,系统对外界做功为 84 J。此过程系统是吸热还是放热? 是多少?

(3) 64 g 氧气的温度由 0℃升至 50℃。①保持体积不变;②保持压强不变。在这两个过程中,氧气各吸收了多少热量? 各增加了多少内能? 对外各做了多少功?

(4) 3 mol 氧气在压强为 2 atm 时体积为 40 L,先将它绝热压缩到一半体积,接着再令它等温膨胀到原体积。

① 求这一过程的最大压强和最高温度;

② 求这一过程中氧气吸收的热量、对外做的功以及内能的变化;

③ 在 $p-V$ 图上画出整个过程曲线。

(5) 今用一卡诺热机驱动一卡诺热泵向某房间供暖,使房间的温度维持在 20℃。设热机从温度为 100℃的高温热源吸热,向待供暖的房间放热,热泵与温度为 3℃的低温热源(室外)接触。当供给热机单位热量时,供给房间的热量是多少

单位?(假设热泵的供暖系数不变)

(6) 一制冷机工作在 $t_1=-10℃$ 和 $t_2=10℃$ 之间,问当制冷机耗费 1 000 J 的功时,能从冷库中取出的最大热量为多少?

(7) 把质量为 5 kg、比热容(单位质量物质的热容)为 544 J/(kg·℃)的铁棒加热到 300℃,然后浸入一大桶 27℃的水中。求在这冷却过程中铁的熵变。

(8) 一房间有 N 个气体分子,半个房间的分子数为 n 的概率为

$$W(n) = \sqrt{\frac{2}{N\pi}} e^{-2\left(n-\frac{N}{2}\right)^{\frac{2}{N}}}$$

① 写出这种分布的熵的表达式 $S = k\ln W$;
② $n=0$ 状态与 $n=N/2$ 状态之间的熵变是多少?
③ 如果 $N=6×10^{23}$,计算这个熵差。

第 5 篇　电磁学

第 1 章　静电场

教 学 要 点

1. 教学要求

（1）理解静电场的电场强度和电势的概念，以及电场强度叠加原理和电势叠加原理。

（2）掌握电势与电场强度的积分关系。

（3）掌握反映静电场性质的两个基本定理——高斯定理和环流定理的重要意义及其应用。

（4）能根据已知电荷的分布求场强和电势的分布。

2. 教学重点

（1）电势与电场强度的积分关系。

（2）高斯定理。

（3）求场强和电势的分布。

3. 教学难点

能根据已知电荷的分布求场强和电势的分布。

内 容 概 要

1. 电荷的基本性质

两种电荷，量子性，电荷守恒，相对论不变性。

2. 库仑定律

$$F = \frac{q_1 q_2}{4\pi\varepsilon_0 r^2} \boldsymbol{r}_0$$

3. 电力叠加原理

$$\boldsymbol{F} = \sum \boldsymbol{F}_i$$

4. 电场强度

(1) 定义式:$\boldsymbol{E} = \dfrac{\boldsymbol{F}}{q_0}$

(2) 点电荷系的场强:$\boldsymbol{E} = \sum \boldsymbol{E}_i = \dfrac{1}{4\pi\varepsilon_0} \sum \dfrac{q_i}{r_i^2} \boldsymbol{r}_0$

(3) 连续分布电荷系统的场强:$\boldsymbol{E} = \int \mathrm{d}\boldsymbol{E} = \int \dfrac{\mathrm{d}q}{4\pi\varepsilon_0 r^2} \boldsymbol{r}_0$

若电荷线密度为 λ,则 $\boldsymbol{E} = \dfrac{1}{4\pi\varepsilon_0} \int_L \dfrac{\lambda \mathrm{d}l}{r^2} \boldsymbol{r}_0$;

若电荷面密度为 σ,则 $\boldsymbol{E} = \dfrac{1}{4\pi\varepsilon_0} \int_S \dfrac{\sigma \mathrm{d}S}{r^2} \boldsymbol{r}_0$;

若电荷体密度为 ρ,则 $\boldsymbol{E} = \dfrac{1}{4\pi\varepsilon_0} \int_V \dfrac{\rho \mathrm{d}V}{r^2} \boldsymbol{r}_0$。

5. 电通量

$$\Phi = \iint_S \mathrm{d}\Phi = \iint_S E\cos\theta \mathrm{d}S = \iint_S \boldsymbol{E} \cdot \mathrm{d}\boldsymbol{S}$$

6. 高斯定理

$$\Phi = \oiint_S \boldsymbol{E} \cdot \mathrm{d}\boldsymbol{S} = \frac{1}{\varepsilon_0} \sum_i q_i$$

几种典型电荷分布的场强公式。

(1) 均匀带电球面:

$$E = 0(\text{球面内}), \boldsymbol{E} = \frac{q}{4\pi\varepsilon_0 r^2} \boldsymbol{r}_0 (\text{球面外})$$

(2) 均匀带电球体:

$$E = 0(\text{球面内}), \boldsymbol{E} = \frac{q}{4\pi\varepsilon_0 r^2} \boldsymbol{r}_0 (\text{球面外})$$

(3) 无限长均匀带电直线的场强:

$$\boldsymbol{E} = \frac{\lambda}{2\pi\varepsilon_0 r} \boldsymbol{r}_0$$

(4) 无限长均匀带电圆柱面的场强：

$$E = 0 (\text{圆柱面内}), E = \frac{\lambda}{2\pi\varepsilon_0 r} r_0 (\text{圆柱面外})$$

(5) 无限大均匀带电圆柱体的场强：

$$E = \frac{\lambda r}{2\pi\varepsilon_0 R^2} r_0 (\text{圆柱体内}), E = \frac{\lambda}{2\pi\varepsilon_0 r} r_0 (\text{圆柱体外})$$

(6) 无限大均匀带电平面的场强：

$$E = \frac{\sigma}{2\varepsilon_0} r$$

7. 环流定理

$$\oint_l \boldsymbol{E} \cdot \mathrm{d}\boldsymbol{l} = 0$$

8. 电势差、电势能和电势

(1) 电势差：

$$A_{ab} = \int_a^b q_0 \boldsymbol{E} \cdot \mathrm{d}\boldsymbol{l} = -(W_b - W_a)$$

(2) 电势能：

$$W_a = \int_a^\infty q_0 \boldsymbol{E} \cdot \mathrm{d}\boldsymbol{l}$$

(3) 电势：

$$V_a = \int_a^\infty \boldsymbol{E} \cdot \mathrm{d}\boldsymbol{l}$$

9. 电势的计算

(1) 均匀带电球面：

$$V = \frac{q}{4\pi\varepsilon_0 R} (\text{球面内}), V = \frac{q}{4\pi\varepsilon_0 r} (\text{球面外})$$

(2) 均匀带电圆环轴线上一点 P 的电势：

$$V_p = \frac{q}{4\pi\varepsilon_0 \sqrt{R^2 + x^2}}$$

10. 电势梯度 $\frac{\partial V}{\partial l_n} e_n$

在直角坐标系中，我们可将电场强度写为

$$\boldsymbol{E} = E_x \boldsymbol{i} + E_y \boldsymbol{j} + E_z \boldsymbol{k} = -\frac{\partial V}{\partial x}\boldsymbol{i} - \frac{\partial V}{\partial y}\boldsymbol{j} - \frac{\partial V}{\partial z}\boldsymbol{k}$$

11. 常见题型

求场强有两种方法。

(1) 利用场强叠加原理求场强(场强叠加法):

① 带电线段垂直平分线上一点 P 的场强;

② 带电线段一端延长线上一点 P 的场强;

③ 弧线型带电体在圆心处的场强(特别注意带电量为 q 的圆环在圆心处的场强为 0),此处要注意"填补法"的应用;

④ 环状带电体在轴线上一点 P 处的场强;

⑤ 面状带电体在轴线上一点 P 处的场强。

(2) 利用高斯定理求带电体的场强分布(高斯定理法):

① 均匀带电球面和球体的场强;

② 无限长均匀带电直线、带电圆柱面、带电圆柱体的场强;

③ 无限大均匀带电平面的场强。

求电势有三种方法。

(1) 利用电势的定义求带电体的电势(电势定义法),如求均匀带电球面的电势。

(2) 利用电势叠加原理求带电体的电势(电势叠加法):

① 带电线段垂直平分线上一点 P 的电势;

② 带电线段一端延长线上一点 P 的电势;

③ 环状带电体在轴线上一点 P 处的场强;

④ 面状带电体在轴线上一点 P 处的场强。

(3) 利用均匀带电球面电势分布的结果求电势(公式法)。

例 题 赏 析

例 5-1-1 如图 5-1 所示,四个电荷带电量均为 3×10^{-6} C,放置在边长为 40 cm 的正方形的四角,求作用在电荷 q_1 上的力。

解析:根据库伦定理,可知

$$F_3 = F_2 = \frac{kq_1q_2}{r^2} = \frac{9\times 10^9 \times (3\times 10^{-6})^2}{0.4^2} \approx 0.51 \text{ N}$$

$$F_4 = \frac{kq_1q_4}{r^2} = \frac{9\times 10^9 \times (3\times 10^{-6})^2}{(0.4\sqrt{2})^2} \approx 0.25 \text{ N}$$

根据

$$F = F_2 + F_3 + F_4$$

可知

$$F = F_2\cos 45° + F_3\cos 45° + F_4 = 0.97 \text{ N}$$

方向沿着对角线方向向外。

例 5-1-2 如图 5-2 所示,两条无限长平行直导线相距为 r_0,均匀带有等量异号电荷,电荷线密度为 λ。

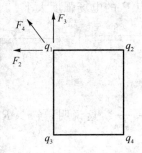
图 5-1 例题 5-1-1 图

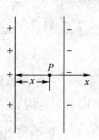
图 5-2 例题 5-1-2 图

① 求两导线构成的平面上 P 点的电场强度;
② 求每一根导线上单位长度导线受到另一根导线上电荷作用的电场力。

解析:

① 根据题意知,$E = \dfrac{\lambda}{2\pi\varepsilon_0}\left(\dfrac{1}{x} + \dfrac{1}{r_0 - x}\right)$,方向沿 x 轴正向。

② 设 F_λ、$F_{-\lambda}$ 分别表示正、负带电导线单位长度所受的电场力大小,E_+、E_- 分别表示正、负带电导线所产生的场强大小,则有

$$F_\lambda = \lambda E_- = \dfrac{\lambda^2}{2\pi\varepsilon_0 r_0}$$

方向沿 x 轴正向。同理,

$$F_{-\lambda} = \lambda E_+ = \dfrac{\lambda^2}{2\pi\varepsilon_0 r_0}$$

方向沿 x 轴负向。

例 5-1-3 如图 5-3 所示,一无限大均匀带电薄平板,电荷面密度为 σ,在平板中部有一半径为 r 的小圆孔,求圆孔中心轴线上与平板相距为 x 的一点 P 的电场强度。

解析:本题可用"填补法"求解,将无限大均匀

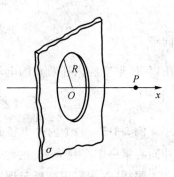
图 5-3 例题 5-1-3 图

带电薄平板填满,其中填补的小圆孔上带有等量的正、负异号电荷。这样本题就可以看作是带正电的无限大带电平板与带负电的圆盘的场强叠加。

由无限大带电平板附近的场强大小 $E_{板}=\dfrac{\sigma}{2\varepsilon_0}$ 知,圆盘的轴线上场强分布为

$$E_{盘}=\dfrac{\sigma x}{2\varepsilon_0}\left(\dfrac{1}{\sqrt{x^2}}-\dfrac{1}{\sqrt{x^2+R^2}}\right)$$

可知,圆孔中心轴线上与平板相距为 x 的一点 P 的电场强度大小

$$E=E_{板}-E_{盘}=\dfrac{\sigma}{2\varepsilon_0}-\dfrac{\sigma x}{2\varepsilon_0}\left(\dfrac{1}{\sqrt{x^2}}-\dfrac{1}{\sqrt{x^2+R^2}}\right)=\dfrac{\sigma}{2\varepsilon_0\sqrt{1+\left(\dfrac{R}{x}\right)^2}}$$

方向沿 x 轴正向。

讨论:在距离圆孔较远时, $x\gg R$,则有 $E=\dfrac{\sigma}{2\varepsilon_0}$。这说明,当 $x\gg R$ 时,带电平板上小圆孔对场强分布的影响可以忽略不计。

例 5-1-4 如图 5-4 所示,一半径为 R 的均匀带电球体,电荷体密度为 ρ,今在球内挖去一半径为 $r(r<R)$ 的球体,如果带电球体球心 O 指向球形空腔,球心 O' 的矢量用 a 来表示,试求球形空腔内任意点的电场强度。

解析:考虑用"填补法"求解。将带电球体填满,其中填补的小球上带有等量的正、负异号电荷。这样本题可看作是半径为 R、电荷体密度为 ρ 的均匀带电球体的场强 E_1 与半径为 r、电荷体密度为 $-\rho$ 的均匀带电球体的场强 E_2 的叠加。根据例题 5-1-9①的结论知,

$$\boldsymbol{E}_1=\dfrac{Q\boldsymbol{r}_1}{4\pi\varepsilon_0 R^3}=\dfrac{Q\boldsymbol{r}_1}{3\times\dfrac{4}{3}\pi R^3\varepsilon_0}=\dfrac{\rho\boldsymbol{r}_1}{3\varepsilon_0}$$

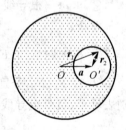

图 5-4 例题 5-1-4 图

同理

$$\boldsymbol{E}_2=-\dfrac{\rho\boldsymbol{r}_2}{3\varepsilon_0}$$

所以,球形空腔内任意点的电场强度为

$$\boldsymbol{E}=\boldsymbol{E}_1+\boldsymbol{E}_2=\dfrac{\rho}{3\varepsilon_0}(\boldsymbol{r}_1-\boldsymbol{r}_2)=\dfrac{\rho\boldsymbol{a}}{3\varepsilon_0}$$

例 5-1-5 一个内外半径分别为 R_1 和 R_2 的均匀带电球壳,总电荷为 Q_1,球壳外同心罩一个半径为 R_3 的均匀带电球面,球面所带电荷为 Q_2,试求其场强分布。

解析:本题需用高斯定理来解。

① 在半径为 R_1 的球面内部任取一点 P,过点 P 做一个半径为 r 的同心球面

为高斯面,则
$$\Phi = \oiint_S \boldsymbol{E} \cdot \mathrm{d}\boldsymbol{S}$$

因为
$$r < R_1$$

所以高斯面内无电荷,即
$$\sum_i q_i = 0$$

根据高斯定理,可知
$$E_1 = 0 \quad (r < R_1)$$

② 在 R_1 与 R_2 之间任取一点 P,过点 P 做一个半径为 r 的同心球面为高斯面,则
$$\Phi = \oiint_S \boldsymbol{E} \cdot \mathrm{d}\boldsymbol{S} = \oiint_S E\cos 0 \mathrm{d}S = 4\pi r^2 E$$

而
$$\sum_i q_i = \frac{Q_1(r^3 - R_1^3)}{R_2^3 - R_1^3}$$

由高斯定理可知,
$$E_2 = \frac{Q_1(r^3 - R_1^3)}{4\pi\varepsilon_0 (R_2^3 - R_1^3)r^2}(R_1 \leqslant r < R_2)$$

③ 在 R_2 与 R_3 之间任取一点 P,过点 P 做一个半径为 r 的同心球面为高斯面,则
$$\Phi = \oiint_S \boldsymbol{E} \cdot \mathrm{d}\boldsymbol{S} = \oiint_S E\cos 0 \mathrm{d}S = 4\pi r^2 E$$

而
$$\sum_i q_i = Q_1$$

由高斯定理可知,
$$E_3 = \frac{Q_1}{4\pi\varepsilon_0 r^2} \quad (R_2 \leqslant r < R_3)$$

④ 在半径为 R_3 的球面外部任取一点 P,过点 P 做一个半径为 r 的同心球面为高斯面,则
$$\Phi = \oiint_S \boldsymbol{E} \cdot \mathrm{d}\boldsymbol{S} = \oiint_S E\cos 0 \mathrm{d}S = 4\pi r^2 E$$

而

$$\sum_i q_i = Q_1 + Q_2$$

由高斯定理可知,

$$E_4 = \frac{Q_1 + Q_2}{4\pi\varepsilon_0 r^2} \quad (r \geqslant R_3)$$

电场强度的方向沿半径向外。

例 5-1-6 一厚度为 d 的均匀带电无限大平板,电荷的体密度为 ρ,求板内外各点的电场强度大小。

解析:做高为 $2x$,侧面垂直于平板,两底平行于平板、底面积为 S 的柱形高斯面,因此有

$$\Phi = \oiint_S \boldsymbol{E} \cdot d\boldsymbol{S}$$

$$= \int_左 \boldsymbol{E} \cdot d\boldsymbol{S} + \int_侧 \boldsymbol{E} \cdot d\boldsymbol{S} + \int_右 \boldsymbol{E} \cdot d\boldsymbol{S}$$

$$= \int_左 E\cos 0 dS + \int_侧 E\cos 90° dS + \int_右 E\cos 0 dS$$

$$= 2ES$$

先来求厚板外的场强。

当 $x > \dfrac{d}{2}$ 时,高斯面内包围的电荷

$$\sum_i q_i = \rho S d$$

根据高斯定理可知,

$$E = \frac{\rho d}{2\varepsilon_0}$$

再求厚板内的场强。

当 $x < \dfrac{d}{2}$ 时,高斯面内包围的电荷

$$\sum_i q_i = 2x\rho S$$

根据高斯定理,可知

$$E = \frac{\rho x}{\varepsilon_0}$$

例 5-1-7 如图 5-5 所示,有一根沿 x 轴放置的长为 l 的带电细棒 OB,其一端在原

点,电荷密度为 $\lambda=kx$(k 为常数),求 x 轴上距离 B 点为 b 的 P 点的场强和电势。

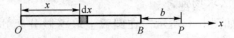

图 5-5　例题 5-1-7 图

解析:利用场强叠加法求场强。以 O 点为坐标原点,水平向右建立 x 轴。如图 5-5 所示,在 x 轴上距离 O 点为 x 处取一微分元 $\mathrm{d}x$,则其带电量为
$$\mathrm{d}q = \lambda \mathrm{d}x = kx\mathrm{d}x$$
该电荷元在 P 点处的场强大小为
$$\mathrm{d}E = \frac{\mathrm{d}q}{4\pi\varepsilon_0 (b+l-x)^2} = \frac{kx\mathrm{d}x}{4\pi\varepsilon_0 (b+l-x)^2}$$
所以,整个带电细棒在 P 点的场强大小为
$$E = \int \mathrm{d}E = \int_0^l \frac{kx\mathrm{d}x}{4\pi\varepsilon_0 (b+l-x)^2} = \frac{k}{4\pi\varepsilon_0}\left(\ln\frac{b}{b+l} + \frac{l}{b}\right)$$
方向为沿 x 轴正向。

利用电势定义法求电势。

该电荷元在 P 点处的电势大小为
$$\mathrm{d}V = \frac{\mathrm{d}q}{4\pi\varepsilon_0 (b+l-x)} = \frac{kx\mathrm{d}x}{4\pi\varepsilon_0 (b+l-x)}$$
所以,整个带电细棒在 P 点的电势为
$$V = \int \mathrm{d}V = \int_0^l \frac{kx\mathrm{d}x}{4\pi\varepsilon_0 (b+l-x)} = \frac{k}{4\pi\varepsilon_0}\left[(b+l)\ln\frac{b+l}{b} - l\right]$$

例 5-1-8　如图 5-6 所示,有半径为 R 的半圆弧,分别求在下列情况下,圆心 O 处的电场强度 E 及电势 V。

① 均匀带电 Q;

② 电荷线密度 $\lambda = \lambda_0 \cos\theta$,$\lambda_0$ 为常数。

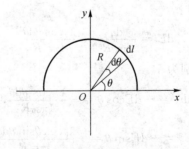

图 5-6　例题 5-1-8 图

解析:

① 利用场强叠加法求场强。

建立直角坐标系如图 5-6 所示。在圆弧上取一微分元 dl,其所对应的圆心角为 $d\theta$,则

$$dq = \lambda dl = \frac{Q}{R\pi}Rd\theta = \frac{Q}{\pi}d\theta$$

所以

$$dE = \frac{dq}{4\pi\varepsilon_0 R^2} = \frac{Qd\theta}{4\pi^2\varepsilon_0 R^2}$$

由电荷分布的对称性知,

$$E_x = \int dE_x = 0$$

设 dl 到 O 点的连线与 x 轴正向的夹角为 θ,则

$$E = E_y = \int dE_y = \int_0^\pi -\frac{Q}{4\pi^2\varepsilon_0 R^2}\sin\theta d\theta = -\frac{Q}{2\pi^2\varepsilon_0 R^2}$$

方向沿 y 轴负向。

利用电势叠加法求电势。

dq 在 O 点产生的电势为

$$dV = \frac{dq}{4\pi\varepsilon_0 R} = \frac{Qd\theta}{4\pi^2\varepsilon_0 R}$$

所以 O 点的电势为

$$V = \int dV = \int_0^\pi \frac{Qd\theta}{4\pi^2\varepsilon_0 R} = \frac{Q}{4\pi\varepsilon_0 R}$$

② 根据题意知,

$$dq = \lambda dl = \lambda_0 R\cos\theta d\theta$$

所以

$$dE = \frac{dq}{4\pi\varepsilon_0 R^2} = \frac{\lambda_0 \cos\theta d\theta}{4\pi\varepsilon_0 R}$$

dE 在 x、y 轴上的投影分别为

$$dE_x = -dE\cos\theta = -\frac{\lambda_0 \cos^2\theta d\theta}{4\pi\varepsilon_0 R},$$

$$dE_y = -dE\sin\theta = -\frac{\lambda_0 \cos\theta\sin\theta d\theta}{4\pi\varepsilon_0 R}$$

分别积分,得

$$E_x = \int dE_x = -\frac{\lambda_0}{4\pi\varepsilon_0 R}\int_0^\pi \cos^2\theta d\theta = -\frac{\lambda_0}{8\varepsilon_0 R}$$

$$E_y = \int dE_y = -\frac{\lambda_0}{4\pi\varepsilon_0 R}\int_0^\pi \cos\theta\sin\theta d\theta = 0$$

所以

$$E = E_x = -\frac{\lambda_0}{8\varepsilon_0 R}$$

方向沿 x 轴负向。

dq 在 O 点产生的电势为

$$dV = \frac{dq}{4\pi\varepsilon_0 R} = \frac{\lambda_0 \cos\theta d\theta}{4\pi\varepsilon_0}$$

所以 O 点的电势为

$$V = \int dV = \int_0^\pi \frac{\lambda_0 \cos\theta d\theta}{4\pi\varepsilon_0} = 0$$

例 5-1-9 有一均匀带电球体，其半径为 R，总电量为 Q，求其场强及电势分布。

解析：

① 考虑利用高斯定理求场强分布。先求球体内的场强分布。

在球体内任取一点 P，过点 P 做一个与球体同心的半径为 r 的球面为高斯面，则

$$\Phi = \oiint_S \boldsymbol{E}\cdot d\boldsymbol{S} = \oiint_S E\cos 0 dS = 4\pi r^2 E$$

又

$$\sum_i q_i = \frac{Q}{\frac{4}{3}\pi R^3}\cdot \frac{4}{3}\pi r^3 = \frac{Qr^3}{R^3}$$

根据高斯定理，得

$$4\pi r^2 E = \frac{Qr^3}{\varepsilon_0 R^3}$$

解得

$$E_1 = \frac{Qr}{4\pi\varepsilon_0 R^3} \quad (r < R)$$

在球体外任取一点 P，过点 P 做一个与球体同心的半径为 r 的球面为高斯面，则

$$\Phi = \oiint_S \boldsymbol{E}\cdot d\boldsymbol{S} = \oiint_S E\cos 0 dS = 4\pi r^2 E$$

又

$$\sum_i q_i = Q$$

根据高斯定理,得

$$4\pi r^2 E = \frac{Q}{\varepsilon_0}$$

解得

$$E_2 = \frac{Q}{4\pi\varepsilon_0 r^2} \quad (r \geqslant R)$$

方向沿半径向外。

② 利用电势定义法求电势。

因为电荷分布在有限空间内,所以选无穷远处为电势零点。则球体内($r<R$)的电势分布为

$$V_P = \int_P^\infty \boldsymbol{E} \cdot \mathrm{d}\boldsymbol{l} = \int_r^R E_1 \mathrm{d}r + \int_R^\infty E_2 \mathrm{d}r = \int_r^R \frac{Qr}{4\pi\varepsilon_0 R^3} \mathrm{d}r + \int_R^\infty \frac{Q}{4\pi\varepsilon_0 r^2} \mathrm{d}r = \frac{Q(3R^2-r^2)}{8\pi\varepsilon_0 R^3}$$

球体外($r \geqslant R$)的电势分布为

$$V_P = \int_P^\infty \boldsymbol{E} \cdot \mathrm{d}\boldsymbol{l} = \int_r^\infty E_2 \mathrm{d}r = \int_r^\infty \frac{Q}{4\pi\varepsilon_0 r^2} \mathrm{d}r = \frac{Q}{4\pi\varepsilon_0 r}$$

例 5-1-10 电荷面密度分别为 σ 和 $-\sigma$ 的两块"无限大"均匀带电的平行平板,如图 5-7(a)所示放置,取坐标原点为零电势点。

① 求空间各点的电势分布;
② 画出 V—x 曲线图。

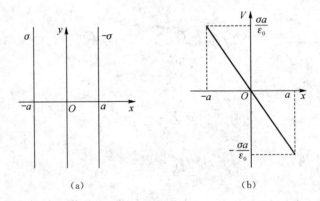

图 5-7 例题 5-1-10 图

解析:

① 采用电势定义法来求电势分布,故应先求出空间各点的场强分布。

因为无限大均匀带电平板的电场强度大小为

$$E_{板} = \frac{\sigma}{2\varepsilon_0}$$

由场强叠加法知,

当 $x < -a$ 时,$E = \frac{\sigma}{2\varepsilon_0} - \frac{\sigma}{2\varepsilon_0} = 0$

当 $-a < x < a$ 时,$E = \frac{\sigma}{2\varepsilon_0} + \frac{\sigma}{2\varepsilon_0} = \frac{\sigma}{\varepsilon_0}$

当 $x > a$ 时,$E = \frac{\sigma}{2\varepsilon_0} - \frac{\sigma}{2\varepsilon_0} = 0$

所以,当 $x < -a$ 时,

$$V = \int_x^{-a} \boldsymbol{E} \cdot \mathrm{d}\boldsymbol{l} + \int_{-a}^{0} \boldsymbol{E} \cdot \mathrm{d}\boldsymbol{l}$$

$$= \int_x^{-a} E \mathrm{d}x + \int_{-a}^{0} E \mathrm{d}x$$

$$= 0 + \int_{-a}^{0} \frac{\sigma}{\varepsilon_0} \mathrm{d}x$$

$$= \frac{\sigma}{\varepsilon_0} a$$

当 $-a < x < a$ 时,

$$V = \int_x^{0} \boldsymbol{E} \cdot \mathrm{d}\boldsymbol{l}$$

$$= \int_x^{0} E \mathrm{d}x$$

$$= \int_x^{0} \frac{\sigma}{\varepsilon_0} \mathrm{d}x$$

$$= -\frac{\sigma}{\varepsilon_0} x$$

当 $x > a$ 时,

$$V = \int_x^{a} \boldsymbol{E} \cdot \mathrm{d}\boldsymbol{l} + \int_a^{0} \boldsymbol{E} \cdot \mathrm{d}\boldsymbol{l}$$

$$= \int_x^{a} E \mathrm{d}x + \int_a^{0} E \mathrm{d}x$$

$$= 0 + \int_a^{0} \frac{\sigma}{\varepsilon_0} \mathrm{d}x$$

$$= -\frac{\sigma}{\varepsilon_0} a$$

② $V-x$ 曲线图如图 5-7(b)所示。

例 5-1-11 两个均匀带电同心球面,半径分别为 R_1 和 R_2,带电总量为 Q 和 $-Q$,如图 5-8 所示,求三个区域的场强和电势。

解析:

① 利用高斯定理求场强。

以点 O 为球心,做一个半径为 r 的同心球面,则

$$\Phi = \oiint_S \boldsymbol{E} \cdot \mathrm{d}\boldsymbol{S} = \oiint_S E\cos 0\mathrm{d}S = 4\pi r^2 E$$

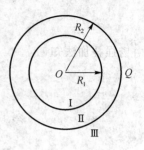

图 5-8 例题 5-1-11 图

当 $r<R_1$ 时,即在 I 区域内,因为

$$\sum_i q_i = 0$$

根据高斯定理,得

$$E_1 = 0$$

当 $R_1<r<R_2$ 时,即在 II 区域内,因为

$$\sum_i q_i = Q$$

根据高斯定理,得

$$E_2 = \frac{Q}{4\pi\varepsilon_0 r^2}$$

当 $r>R_2$ 时,即在 III 区域内,因为

$$\sum_i q_i = Q - Q = 0$$

根据高斯定理,得

$$E_3 = 0$$

② 求电势有两种方法,首先用电势定义法,然后再利用球内外公式求。

(解法一)当 $r<R_1$ 时,即在 I 区域内,

$$V_1 = \int_r^\infty \boldsymbol{E} \cdot \mathrm{d}\boldsymbol{l}$$

$$= \int_r^{R_1} E_1 \mathrm{d}r + \int_{R_1}^{R_2} E_2 \mathrm{d}r + \int_{R_2}^\infty E_3 \mathrm{d}r$$

$$= \int_{R_1}^{R_2} \frac{Q}{4\pi\varepsilon_0 r^2} \mathrm{d}r = \frac{Q}{4\pi\varepsilon_0}\left(\frac{1}{R_1} - \frac{1}{R_2}\right)$$

当 $R_1<r<R_2$ 时,即在 II 区域内,

$$V_2 = \int_r^\infty \boldsymbol{E} \cdot \mathrm{d}\boldsymbol{l}$$

$$= \int_r^{R_2} E_2 \mathrm{d}r + \int_{R_2}^\infty E_3 \mathrm{d}r$$

$$= \int_r^{R_2} \frac{Q}{4\pi\varepsilon_0 r^2} \mathrm{d}r = \frac{Q}{4\pi\varepsilon_0}\left(\frac{1}{r} - \frac{1}{R_2}\right)$$

当 $r > R_2$ 时，即在Ⅲ区域内，

$$V_3 = \int_r^\infty \boldsymbol{E} \cdot \mathrm{d}\boldsymbol{l}$$

$$= \int_r^\infty E_3 \mathrm{d}r$$

$$= 0$$

（解法二）根据

$$V_{内} = \frac{Q}{4\pi\varepsilon_0 R}, V_{外} = \frac{Q}{4\pi\varepsilon_0 r}$$

知在Ⅰ区域内，
$$V_1 = \frac{Q}{4\pi\varepsilon_0 R_1} + \frac{-Q}{4\pi\varepsilon_0 R_2} = \frac{Q}{4\pi\varepsilon_0}\left(\frac{1}{R_1} - \frac{1}{R_2}\right)$$

在Ⅱ区域内，
$$V_2 = \frac{Q}{4\pi\varepsilon_0 r} + \frac{-Q}{4\pi\varepsilon_0 R_2} = \frac{Q}{4\pi\varepsilon_0}\left(\frac{1}{r} - \frac{1}{R_2}\right)$$

在Ⅲ区域内，
$$V_3 = \frac{Q}{4\pi\varepsilon_0 r} + \frac{-Q}{4\pi\varepsilon_0 r} = 0$$

例 5-1-12 一个电偶极子的电矩为 $\boldsymbol{p} = q\boldsymbol{l}$，试证明此电偶极子轴线上距其中心为 $r(r \gg l)$ 处的一点的场强为 $\boldsymbol{E} = \dfrac{2\boldsymbol{p}}{4\pi\varepsilon_0 r^3}$。

解析：电偶极子的 q 和 $-q$ 两个电荷在轴线上距其中心为 r 处的合场强为

$$E = E_+ - E_-$$

$$= \frac{q}{4\pi\varepsilon_0 \left(r - \dfrac{l}{2}\right)^2} - \frac{q}{4\pi\varepsilon_0 \left(r + \dfrac{l}{2}\right)^2}$$

$$= \frac{2pr}{4\pi\varepsilon_0 \left(r^2 - \dfrac{l^2}{4}\right)^2}$$

由于 $r \gg l$，并考虑到方向，得

$$\boldsymbol{E} = \frac{2\boldsymbol{p}}{4\pi\varepsilon_0 r^3}$$

习 题 选 编

1. 选择题

(1) 电量大小之比为 $2:5:8$ 的三个带电小球 A、B、C，已知 AC 之间的距离为 l，B 位于 AC 之间的连线上，且相互间距离比小球直径大得多，其中 A、C 同号，与 B 异号，若固定 A、C 不动，改变 B 的位置，使 B 所受电场力为零时，则 B 点距 A 点（   ）。

A. $\dfrac{l}{2}$ B. $\dfrac{l}{3}$ C. $\dfrac{2l}{3}$ D. $\dfrac{l}{4}$

(2) 半径为 R 的均匀带电球面在静电场中的场强分布与到球心的距离 r 的关系曲线图为（   ）。

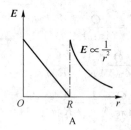
A

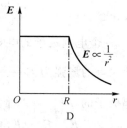
B

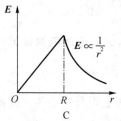
C

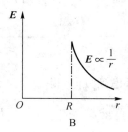
D

(3) 半径为 R 的无限长均匀带电圆柱体，在静电场中的场强分布与距轴线的距离 r 的关系曲线图为（   ）。

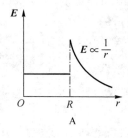
A

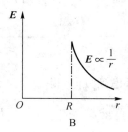
B

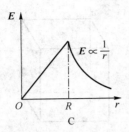
C

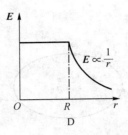
D

(4) 如图 5-9 所示,将一根不导电的细塑料杆弯成一个带有缺口的圆环,缺口长度为 $d(d \ll R)$,环上均匀带正电,总电量为 Q,则圆心处的场强大小为(　　)。

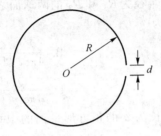

图 5-9　习题 1(4)图

A. $\dfrac{Qd}{4\pi\varepsilon_0 R^3}$　　B. $\dfrac{Q}{4\pi\varepsilon_0 R^2}$　　C. $\dfrac{Q}{8\pi\varepsilon_0 R^2}$　　D. $\dfrac{Qd}{8\pi^2\varepsilon_0 R^3}$

(5) 下列关于高斯面的说法正确的是(　　)。

A. 若高斯面上的 E 处处为零,则高斯面内无电荷

B. 若高斯面上的 E 处处为零,则高斯面内正负电荷的代数和必为零

C. 若高斯面上的 E 处处不为零,则高斯面内必有电荷

D. 若高斯面的电通量不是零,则高斯面上的 E 处处不为零

(6) 如图 5-10 所示,任意一闭合曲面 S 内有一点电荷 q,O 为 S 面上的任意一点,若将 q 由闭合曲面内的 A 点移到 B 点,且 $OA=OB$,那么(　　)。

A. 穿过 S 面的电通量改变,O 点的场强大小不变

B. 穿过 S 面的电通量改变,O 点的场强大小改变

C. 穿过 S 面的电通量不变,O 点的场强大小改变

D. 穿过 S 面的电通量不变,O 点的场强大小不变

(7) 如图 5-11 所示,将一点电荷 q 放置在骰子的一个顶点 A 上,则通过骰子的 $abcd$ 面的电通量是(　　)。

A. $\dfrac{Q}{4\varepsilon_0}$　　B. $\dfrac{Q}{6\varepsilon_0}$　　C. $\dfrac{Q}{24\varepsilon_0}$　　D. $\dfrac{Q}{16\varepsilon_0}$

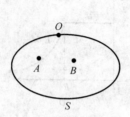
图 5-10 习题 1(6)图

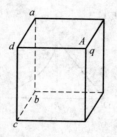
图 5-11 习题 1(7)图

(8) 电量 Q 均匀分布在半径为 R_1 和 R_2 的两球面之间的空间上,则距球心为 r ($R_1<r<R_2$) 处的电场强度为（　　）。

A. $\dfrac{Q}{4\pi\varepsilon_0(R_2-R_1)^2}$ 　　　　　　B. $\dfrac{Q}{4\pi\varepsilon_0(R_2-r)^2}$

C. $\dfrac{Q}{4\pi\varepsilon_0(r-R_1)^2}$ 　　　　　　D. $\dfrac{Q(r^3-R_1^3)}{4\pi\varepsilon_0 r^2(R_2^3-R_1^3)}$

(9) 如图 5-12 所示,边长为 a 的正方形平面的中垂线上有一电荷 Q,Q 与平面的中心 O 点相距 $\dfrac{a}{2}$,则通过正方形平面的电场强度通量 Φ 及 O 点的电势分别为（　　）。

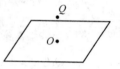
图 5-12 习题 1(9)图

A. $\dfrac{Q}{\varepsilon_0},\dfrac{Q}{4\pi\varepsilon_0 a}$ 　　　　B. $\dfrac{Q}{\varepsilon_0},\dfrac{Q}{2\pi\varepsilon_0 a}$

C. $\dfrac{Q}{6\varepsilon_0},\dfrac{Q}{2\pi\varepsilon_0 a}$ 　　　　D. $\dfrac{Q}{6\varepsilon_0},\dfrac{Q}{4\pi\varepsilon_0 a}$

(10) 将一细棒弯成一半径为 R 的半圆环,其中 q 与 $-q$ 各占四分之一半圆环,则环心 O 处的场强和电势的大小分别是（　　）。

A. $\dfrac{q}{\pi^2\varepsilon_0 R^2},0$ 　　　　　　B. $\dfrac{q}{4\pi\varepsilon_0 R^2},\dfrac{q}{2\pi\varepsilon_0 R}$

C. $\dfrac{q}{\pi^2\varepsilon_0 R},\dfrac{q}{4\pi\varepsilon_0 R}$ 　　　　D. $\dfrac{q}{\pi^2\varepsilon_0 R},\dfrac{\sqrt{2}q}{4\pi\varepsilon_0 R}$

(11) 如图 5-13 所示,一边长为 a 的等边三角形的三个顶点上,分别放置三个点电荷,现将另一点电荷 Q 从无穷远处移动到三角形的中心 O 处,外力所做的功为（　　）。

A. 0 　　B. $\dfrac{2\sqrt{3}Qq}{4\pi\varepsilon_0 a}$ 　　C. $\dfrac{\sqrt{3}Qq}{4\pi\varepsilon_0 a}$ 　　D. $\dfrac{3\sqrt{3}Qq}{8\pi\varepsilon_0 a}$

(12) 如图 5-14 所示,A、B、C 是电场中某条电场线上的三个点,则（　　）。

A. $E_A>E_B>E_C$ 　　　　　　B. $E_A<E_B<E_C$

C. $V_A>V_B>V_C$ D. $V_A<V_B<V_C$

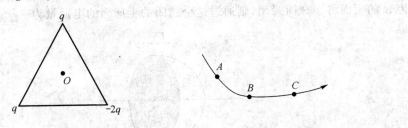

图 5-13 习题 1(11)图   图 5-14 习题 1(12)图

(13) 三个均匀带电的同心球面,电量分别为 Q_1、Q_2 和 Q_3,半径分别为 R_1、R_2 和 R_3($R_1<R_2<R_3$)(不考虑它们之间的静电感应),若以无限远为电势零点,则半径为 R_2 的球面的电势为(   )。

A. $\dfrac{Q_1}{4\pi\varepsilon_0 R_2}$ 　　　　　　　　　　B. $\dfrac{1}{4\pi\varepsilon_0}\left(\dfrac{Q_1}{R_1}+\dfrac{Q_2}{R_2}\right)$

C. $\dfrac{1}{4\pi\varepsilon_0}\left(\dfrac{Q_1}{R_1}+\dfrac{Q_2}{R_2}+\dfrac{Q_3}{R_3}\right)$　　D. $\dfrac{1}{4\pi\varepsilon_0}\left(\dfrac{Q_1}{R_2}+\dfrac{Q_2}{R_2}+\dfrac{Q_3}{R_3}\right)$

(14) 下列说法中,正确的是(   )。

A. 场强为零的地方,电势一定为零;电势为零的地方,场强一定为零
B. 电势较高的地方,场强一定较大;场强较小的地方,电势也一定较低
C. 场强大小相等的地方,电势相等;电势相等的地方,场强也都相等
D. 带正电的物体,电势也可能是负的;带负电的物体,电势也可能是正的

2. 填空题

(1) 如图 5-15 所示,长为 h 的圆柱体半径为 R,以 x 轴为对称轴,电场为 $E=150$ N/C,则下列情况下的电通量是:

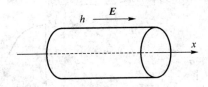

图 5-15 习题 2(1)图

① 通过圆柱体的左底面_____;
② 通过圆柱体的右底面_____;
③ 圆柱体的侧面_____;
④ 圆柱体的表面积_____。

(2) 如图 5-16 所示,在场强为 E 的均匀电场中取一半球面,其半径为 R,电场

强度的方向与半球面的对称轴平行,则通过该半球面的电通量为_____,若用半径为 R 的圆面将半球面封闭,则通过这个封闭的半球面的电通量为_____。

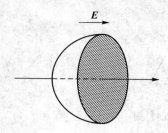

图 5-16　习题 2(2)图

(3) 一半径为 R、电量为 Q 的均匀带电球体,若其电势为 1 200 V,则球心处的场强为_____。

(4) A、B 为真空中两个平行的无限大均匀带电平面,已知两平面间的电场强度大小为 E_0,两平面外侧电场强度大小都为 $\dfrac{E_0}{3}$,方向如图 5-17 所示,则 A、B 两平面上的电荷面密度分别为 $\sigma_A=$_____,$\sigma_B=$_____。

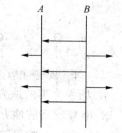

图 5-17　习题 2(4)图

(5) 两块无限大的带电平行平板,其电荷面密度分别为 3σ 及 $-\sigma$,如图 5-18 所示,则:

Ⅰ区 E 的大小为_____,方向为_____;

Ⅱ区 E 的大小为_____,方向为_____;

Ⅲ区 E 的大小为_____,方向为_____;

(6) 如图 5-19 所示,在点电荷 q 和 $-q$ 产生的电场中,将一点电荷 q_0 沿图中所示路径由 P 点移至 Q 点,则外力做功为_____。

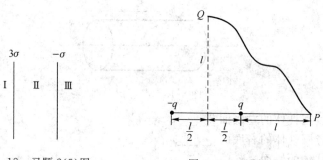

图 5-18　习题 2(5)图　　　　图 5-19　习题 2(6)图

(7) 在半径为 R 的球壳上均匀带有电量 Q,将一个点电荷 $q(q\ll Q)$ 从球内 A

点经球壳上一个小孔移到球壳外的 B 点，B 点到球心的距离为 r，则此过程中电场力做功 $A=$ _____。

(8) 如图 5-20 所示，在点电荷 q 激发的电场中，若在 Q 点引入一试验电荷 $-q$ 并自由释放，则可知 $-q$ 的运动趋势是由 _____ 点向 _____ 点运动，P 点的电势 _____（大于、小于或者等于）Q 点的电势。

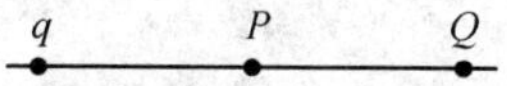

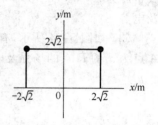

图 5-20　习题 2(8)图

(9) 一线段 AB 长度为 $2l$，今在 A 点放置一点电荷 q，若取 AB 的中点 C 为电势零点，则 B 点的电势为 _____。

(10) 如图 5-21 所示，将 $q_1 = 1.6 \times 10^{-9}$ C，$q_2 = -1.6 \times 10^{-9}$ C，分别置于长方形的两个角上，则 0 点的电场强度大小为 _____，方向为 _____，电势为 _____。

(11) 真空有一均匀带电圆环，带电量为 Q，半径为 R，则其轴线上距环心 O 点为 r 处的一点的场强为 _____，环心处的场强为 _____，电势为 _____。

图 5-21　习题 2(10)图

(12) 一个半径为 R 的均匀带电薄圆盘，电荷面密度为 σ，在圆盘上挖去一个半径为 r 的同心圆盘，则圆心处的电势将 _____（填"变大"、"变小"或"不变"）。

(13) 有一个球形的橡皮膜气球，电荷 Q 均匀分布在其表面上，在此气球由半径 r_1 被吹大到 r_2 的过程中，半径为 $R(r_1 < R < r_2)$ 的高斯球面上任一点的场强大小 E 由 _____ 变为 _____；电势由 _____ 变为 _____（选无穷远处为电势零点）。

3. 计算题

(1) 在真空中，有一电荷分布均匀的细棒 AB，其电量为 Q，长度为 $2L$，如图 5-22 所示。

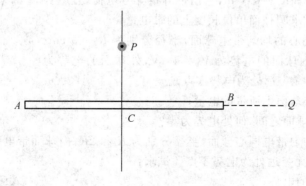

图 5-22　习题 3(1)图

① 试求在细棒的垂直平分线上,离棒的距离为 a 的 P 点的电场强度及电势;

$$\left(\int dx/(a^2+x^2)^{3/2} = x/[a^2(a^2+x^2)^{1/2}]+c;\int dx/(a^2+x^2)^{1/2}\right.$$
$$= \ln(x+\sqrt{a^2+x^2})+c\right)$$

② 试求在棒的延长线上,与 B 点相距为 b 的 Q 点处的电场强度及电势;

③ 若 Q 点与 AB 的中点 C 相距为 $d(d>L)$,则 Q 点的场强和电势的值变为多少?

(2) 如图 5-23 所示,在 x 轴上放置着一长为 l 的非均匀带电细棒 CA,其电荷线密度为 $\lambda=\lambda_0 x^2$,λ_0 为一常量,$0 \leqslant x \leqslant l$。试求 x 轴上距 C 点为 b 的 O 点的场强及电势。

(3) 如图 5-24 所示,有一均匀带电细棒 AB,其带电量为 Q,长度为 L,求距离 A 点为 d 的 P 点的场强及电势。

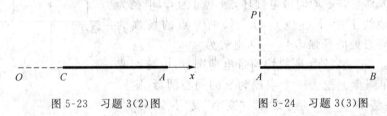

图 5-23　习题 3(2)图　　　　图 5-24　习题 3(3)图

(4) 如图 5-25 所示,真空中有一段半径为 R 的细圆弧,对圆心的张角为 θ_0,其上均匀分布有正电荷 q,试求:

① 圆心 O 处的电场强度;

② 圆心 O 处的电势。

(5) 如图 5-26 所示,两根长直的共轴圆柱面的半径分别为 $R_1=0.03$ m 和 $R_2=0.1$ m,它们带等量异号电荷,且电势差为 900 V。试求圆柱面单位长度上的带电量 λ。

图 5-25　习题 3(4)图

(6) 两个同心的均匀带电球面,半径分别为 $R_1=5$ cm、$R_2=10$ cm,若内球面的电势为 $V_1=40$ V,外球面的电势为 $V_2=-60$ V(取无穷远处为电势零点)。

① 求内、外球面上所带的电量;

② 在两个球面之间,何处电势为零?

(7) 两个均匀带电同心球面,半径分别为 R 和 $2R$,内球面带电量为 q,外球面带电量为 Q,取无穷远处为电势零点。试求:

① 内球面的电势;

② 欲使内球面电势为零,则外球面上的电量应为多少。

(8) 水分子的电偶极矩 p 的大小为 $6.2×10^{-30}$ C·m，如图 5-27 所示，求 θ（θ 为 r 与 p 之间的夹角）在下述情况下，距离分子为 $r=5×10^{-9}$ m 处的电势。

① $\theta=0°$；
② $\theta=45°$；
③ $\theta=90°$。

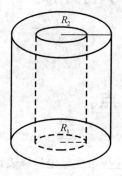
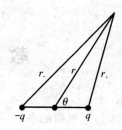

图 5-26　习题 3(5)图　　图 5-27　习题 3(8)图

第 2 章 导体与电介质

教 学 要 点

1. 教学要求

(1) 掌握导体静电平衡的条件,并能应用这些条件确定导体表面电荷的分布。
(2) 了解电介质极化的原理及电介质对电场的影响。
(3) 掌握有导体存在的电场中场强和电势的计算方法。
(4) 掌握运用介质中的高斯定理求场强的方法。
(5) 掌握计算电容和电场能量的方法。

2. 教学重点

(1) 有导体存在的电场中场强和电势的计算方法。
(2) 运用介质中的高斯定理求场强的方法。
(3) 计算电容和电场能量的方法。

3. 教学难点

(1) 有导体存在的电场中场强和电势的计算方法。
(2) 运用介质中的高斯定理求场强的方法。

内 容 概 要

1. 静电平衡

导体内部的场强处处为零时,导体内部和表面的电荷停止运动,即达到导体静电平衡状态。

导体达到静电平衡状态时,导体内部场强处处为零,导体表面场强与表面垂直,值为 $E=\dfrac{\sigma}{\varepsilon_0}$,导体是一个等势体,导体的表面是一个等势面。

2. 电容和电容器

(1) 孤立导体的电容

$$C = \frac{q}{V}$$

(2) 电容器的电容

$$C = \frac{q}{U_{AB}} = \frac{q}{V_A - V_B}$$

① 孤立导体球的电容 $C = 4\pi\varepsilon_0 R$（R 为球体半径）；

② 平行板电容器的电容 $C = \dfrac{\varepsilon_0 S}{d}$（$S$ 为极板面积，d 为极板间距）；

③ 球形电容器的电容 $C = 4\pi\varepsilon_0 \dfrac{R_A R_B}{R_B - R_A}$（$R_A$ 与 R_B 为内、外球极板半径）；

④ 柱形电容器的电容 $C = \dfrac{2\pi\varepsilon_0 L}{\ln\dfrac{R_2}{R_1}}$（$R_1$ 与 R_2 为内、外圆柱体的半径）。

(3) 电容器的串联和并联

① 串联：$\dfrac{1}{C} = \dfrac{1}{C_1} + \dfrac{1}{C_2}$；

② 并联：$C = C_1 + C_2$。

3. 传导电流

(1) 电流：

$$I = \iint_S \boldsymbol{j} \cdot \mathrm{d}\boldsymbol{S}$$

(2) 电流密度：

$\boldsymbol{j} = nq\boldsymbol{v}_d$ （n 为载流子密度，q 为每个载流子电量，$\boldsymbol{v}_d$ 为平均漂移速度）

4. 欧姆定律的微分形式

$$\boldsymbol{j} = \gamma \boldsymbol{E} \quad \left(\gamma = \frac{1}{\rho},\boldsymbol{j} \text{ 为电流密度},\rho \text{ 为电阻率}\right)$$

5. 焦耳定律的微分形式

$$\omega = \gamma E^2 \quad (\omega \text{ 为热功率密度})$$

6. 电动势

$$\varepsilon = \int_-^+ \boldsymbol{E}_k \cdot \mathrm{d}\boldsymbol{l}$$

7. 电介质

(1) 电极化强度矢量

$$\boldsymbol{P} = \frac{\sum_i \boldsymbol{p}_i}{\Delta V}$$

对于各向同性介质有:

$P = \varepsilon_0(\varepsilon_r - 1)E = \varepsilon_0 \chi E$ (ε_r 为相对电容率,χ 为电介质的电极化率)

(2) 电位移矢量:

① $D = \varepsilon_0 E + P$(电位移矢量的定义式);

② $D = \varepsilon_0 \varepsilon_r E = \varepsilon E$(各向同性均匀电介质)。

(3) 电介质中的高斯定理

$$\oint_S D \cdot dS = \sum_i q_i$$

(4) 电容器两极板间充满电介质时,其电压比板间为真空时要小到 $\dfrac{1}{\varepsilon_r}$ 倍,即 $U = \dfrac{U_0}{\varepsilon_r}$,此时 $E = \dfrac{E_0}{\varepsilon_r}$,而电容增大为 $C = \varepsilon_r C_0$,这里的 ε_r 称为电介质的相对介电常量。

(5) 极板间充满电介质时,相应的电容器的电容变为:

① 孤立导体球的电容 $C = 4\pi\varepsilon_0\varepsilon_r R$($R$ 为球体半径);

② 平行板电容器的电容 $C = \dfrac{\varepsilon_r \varepsilon_0 S}{d}$($S$ 为极板面积,d 为极板间距);

③ 球形电容器的电容 $C = 4\pi\varepsilon_0\varepsilon_r \dfrac{R_A R_B}{R_B - R_A}$($R_A$ 与 R_B 为内、外球极板半径);

④ 柱形电容器的电容 $C = \dfrac{2\pi\varepsilon_0\varepsilon_r L}{\ln \dfrac{R_2}{R_1}}$($R_1$ 与 R_2 为内、外圆柱体的半径)。

(6) 电介质存在时场强的计算:

① 利用公式 $E = E_0 + E'$。其中,E_0 为自由电荷产生的场强,E' 为极化电荷产生的场强,缺点是 E' 不易求得,因为它与极化电荷的分布有关,而求极化电荷的分布是比较困难的;

② 利用 $\oint_S D \cdot dS = \sum_i q_i$ 求解。先求出 D,再用 $E = \dfrac{D}{\varepsilon}$ 求出 E。优点是不用考虑极化电荷;缺点是电场分布须是球对称性、平面对称性和轴对称性的带电体。

(7) 电介质存在时求电势。电介质存在时,计算极化电荷不方便,所以一般不用电势叠加法,而用电势定义法。

(8) 电场能量的计算:

① $W = \dfrac{1}{2}\varepsilon E^2 V$(均匀电场中);

② $W = \iiint\limits_V \frac{1}{2}\varepsilon E^2 \, dV$（非均匀电场中）；

③ $W = \frac{1}{2}\frac{Q^2}{C} = \frac{1}{2}CU^2 = \frac{1}{2}QU$（电容器的静电场能）。

例 题 赏 析

例 5-2-1 如图 5-28 所示，半径为 R 的导体球原来带电为 Q，现将一点电荷 q 放在球外离球心距离为 $x(x>R)$ 处，在导体球内有一点 P，若 O、P 之间的距离为 $\frac{R}{2}$，求导体球上的电荷在 P 点产生的场强和电势。

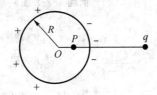

图 5-28 例题 5-2-1 图

解析：导体达到静电平衡后，内部场强处处为零，所以 P 点的总场强为零，而该点的总场强是导体球面上重新分布的电荷及 q 在 P 点共同产生的，即所求场强应为

$$E_P = 0 - E_q = -\frac{q}{4\pi\varepsilon_0 \left(x - \frac{R}{2}\right)^2}$$

同理，所求电势 V_P 应为 P 点的总电势 V 减去 q 在 P 点产生的电势 V_q，即

$$V_P = V - V_q$$

又导体达到静电平衡时，导体是个等势体，所以

$$V = V_O = \frac{Q}{4\pi\varepsilon_0 R} + \frac{q}{4\pi\varepsilon_0 x}$$

所以

$$V_P = V - V_q = \frac{Q}{4\pi\varepsilon_0 R} + \frac{q}{4\pi\varepsilon_0 x} - \frac{q}{4\pi\varepsilon_0 \left(x - \frac{R}{2}\right)}$$

例 5-2-2 某一平行板电容器，极板宽、长分别为 a 和 b，间距为 d，今将厚度为

t、宽为 a 的金属板平行电容器极板插入电容器中,如图 5-29(a)所示,不计边缘效应,求电容与金属板插入深度 x 的关系。

解析:根据题意可知,等效电容如图 5-29(b)所示,故有

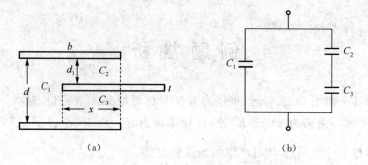

图 5-29　例题 5-2-2 图

$$C = C_1 + C'$$
$$= C_1 + \frac{C_2 C_3}{C_2 + C_3}$$
$$= \frac{\varepsilon_0 a(b-x)}{d} + \frac{\dfrac{\varepsilon_0 ax}{d_1} \dfrac{\varepsilon_0 ax}{(d-t-d_1)}}{\dfrac{\varepsilon_0 ax}{d_1} + \dfrac{\varepsilon_0 ax}{(d-t-d_1)}}$$
$$= \frac{\varepsilon_0 a(b-x)}{d} + \frac{\varepsilon_0 ax}{(d-t-d_1) + d_1}$$
$$= \frac{\varepsilon_0 a}{d}\left(b + \frac{tx}{d-t}\right)$$

例 5-2-3　两段均匀导体组成的电路,其电导率分别为 γ_1 和 γ_2,长度分别为 L_1 和 L_2,导体的截面积均为 S,通过导体的电流强度为 I。试求:

① 两段导体内的电场强度 E_1 和 E_2 的比值;

② 电势差 U_1 和 U_2。

解析:

① 由

$$j = \frac{I}{S} = \gamma E$$

得

$$E = \frac{I}{\gamma S}$$

所以
$$\frac{E_1}{E_2} = \frac{\gamma_2}{\gamma_1}$$

② 因为
$$U = EL$$
所以
$$U_1 = \frac{IL_1}{\gamma_1 S}, U_2 = \frac{IL_2}{\gamma_2 S}$$

例 5-2-4 如图 5-30 所示,一导体球带电 $q = 1 \times 10^{-8}$ C,半径为 $R = 10$ cm,球外有两种均匀电介质,一种介质($\varepsilon_{r1} = 5$)的厚度为 $d = 10$ cm,另一种介质为空气($\varepsilon_{r2} = 1$),充满其余整个空间。试求:

① 距球心 O 为 r 处的电场强度 E 和电位移矢量 D,取 $r = 5$ cm、15 cm、25 cm,算出相应的 E、D 的量值;

② 距球心 O 为 r 处的电势 V,取 $r = 5$ cm、10 cm、15 cm、20 cm、25 cm,算出相应的 V 的量值;

解析:

① 导体球内部的场强为零,因而电位移矢量也为零,所以 $r_1 = 5$ cm 时,
$$E_1 = 0, D_1 = 0$$

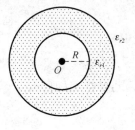

图 5-30 例题 5-2-4 图

根据高斯定理
$$\oiint_S \boldsymbol{D} \cdot d\boldsymbol{S} = q$$
得
$$D = \frac{q}{4\pi r^2}, E = \frac{q}{4\pi\varepsilon_0\varepsilon_r r^2}$$

方向沿半径向外。

$r = 15$ cm 时,位于第一种介质内,有
$$D_2 = \frac{q}{4\pi r_2^2} = 3.5 \times 10^{-8} \text{ C} \cdot \text{m}^{-2}, E_2 = \frac{q}{4\pi\varepsilon_0\varepsilon_{r1} r_2^2} = 800 \text{ V} \cdot \text{m}^{-1}$$

$r = 25$ cm 时,位于第二种介质内,有
$$D_3 = \frac{q}{4\pi r_3^2} = 1.3 \times 10^{-8} \text{ C} \cdot \text{m}^{-2}, E_3 = \frac{q}{4\pi\varepsilon_0\varepsilon_{r2} r_3^2} = 1.44 \times 10^3 \text{ V} \cdot \text{m}^{-1}$$

② 先求电势分布:

$r < R$ 时,

$$V = \int_r^\infty \boldsymbol{E} \cdot \mathrm{d}\boldsymbol{l}$$
$$= \int_r^R E_1 \mathrm{d}r + \int_R^{R+d} E_2 \mathrm{d}r + \int_{R+d}^\infty E_3 \mathrm{d}r$$
$$= 0 + \frac{q}{4\pi\varepsilon_0\varepsilon_{r1}}\left(\frac{1}{R} - \frac{1}{R+d}\right) + \frac{q}{4\pi\varepsilon_0\varepsilon_{r2}}\frac{1}{R+d}$$
$$= \frac{q}{4\pi\varepsilon_0\varepsilon_{r1}}\left(\frac{1}{R} + \frac{\varepsilon_{r1}-1}{R+d}\right)$$

$R < r < R+d$ 时,
$$V = \int_r^\infty \boldsymbol{E} \cdot \mathrm{d}\boldsymbol{l}$$
$$= \int_r^{R+d} E_2 \mathrm{d}r + \int_{R+d}^\infty E_3 \mathrm{d}r$$
$$= \frac{q}{4\pi\varepsilon_0\varepsilon_{r1}}\left(\frac{1}{r} - \frac{1}{R+d}\right) + \frac{q}{4\pi\varepsilon_0\varepsilon_{r2}}\frac{1}{R+d}$$
$$= \frac{q}{4\pi\varepsilon_0\varepsilon_{r1}}\left(\frac{1}{r} + \frac{\varepsilon_{r1}-1}{R+d}\right)$$

$r > R+d$ 时,
$$V = \int_r^\infty \boldsymbol{E} \cdot \mathrm{d}\boldsymbol{l}$$
$$= \int_r^\infty E_3 \mathrm{d}r$$
$$= \frac{q}{4\pi\varepsilon_0\varepsilon_{r2}r}$$

所以,当 $r = 5$ cm 时,
$$V = \frac{q}{4\pi\varepsilon_0\varepsilon_{r1}}\left(\frac{1}{R} + \frac{\varepsilon_{r1}-1}{R+d}\right) = 5.4 \times 10^2 \text{ V}$$

当 $r = 10$ cm 时,
$$V = 5.4 \times 10^2 \text{ V}$$

当 $r = 15$ cm 时,
$$V = \frac{q}{4\pi\varepsilon_0\varepsilon_{r1}}\left(\frac{1}{r} + \frac{\varepsilon_{r1}-1}{R+d}\right) = 4.8 \times 10^2 \text{ V}$$

当 $r = 20$ cm 时,
$$V = \frac{q}{4\pi\varepsilon_0\varepsilon_{r2}r} = 4.5 \times 10^2 \text{ V}$$

当 $r = 25$ cm 时,
$$V = \frac{q}{4\pi\varepsilon_0\varepsilon_{r2}r} = 3.6 \times 10^2 \text{ V}$$

例 5-2-5 如图 5-31 所示,同心球电容器内、外半径分别为 R_1 和 R_2,两球间充满相对电容率为 ε_r 的均匀介质,内球带电量 Q。试求:

① 电容器内外各处电场强度 E 和两球的电势差 U;
② 电介质中电极化强度 P 和极化电荷面密度 σ';
③ 电容 C。

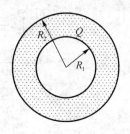

图 5-31 例题 5-2-5 图

解析:

① 由高斯定理,得

$$E_1 = \frac{Q}{4\pi\varepsilon_0\varepsilon_r r^2} \quad (R_1 < r < R_2)$$

$$E_2 = \frac{Q}{4\pi\varepsilon_0 r^2} \quad (r \geqslant R_2)$$

两球的电势差

$$U = \int_{R_1}^{R_2} E_1 \, dr = \int_{R_1}^{R_2} \frac{Q}{4\pi\varepsilon_0\varepsilon_r r^2} dr = \frac{Q}{4\pi\varepsilon_0\varepsilon_r}\left(\frac{1}{R_1} - \frac{1}{R_2}\right)$$

② 电介质中电极化强度

$$\boldsymbol{P} = \boldsymbol{D} - \varepsilon_0 \boldsymbol{E}_1 = (\varepsilon - \varepsilon_0)\boldsymbol{E}_1 = \frac{(\varepsilon_r - 1)Q}{4\pi\varepsilon_r r^2}$$

极化电荷分布在靠近内外球表面的球面上,极化电荷面密度分别为

$$\sigma'_1 = P\cos\theta_1 = P\cos 0 = \frac{1-\varepsilon_r}{\varepsilon_r}\frac{Q}{4\pi R_1^2}$$

$$\sigma'_2 = P\cos\theta_2 = P\cos 0 = \frac{\varepsilon_r - 1}{\varepsilon_r}\frac{Q}{4\pi R_2^2}$$

③ 电容

$$C = \frac{Q}{U} = \frac{Q}{\dfrac{Q}{4\pi\varepsilon_0\varepsilon_r}\left(\dfrac{1}{R_1} - \dfrac{1}{R_2}\right)} = \frac{4\pi\varepsilon_0\varepsilon_r R_1 R_2}{R_2 - R_1}$$

例 5-2-6 一半径为 R 的均匀带电球体,带电量为 Q,试求其电能。

解析: 由高斯定理,可求得均匀带电球体的电场强度分布为

$$E_1 = \frac{Qr}{4\pi\varepsilon_0 R^3}(r < R)$$

$$E_2 = \frac{Q}{4\pi\varepsilon_0 r^2}(r \geqslant R)$$

由

$$W = \int_V \frac{1}{2}\varepsilon_0 E^2 \, dV = \int_V \frac{1}{2}\varepsilon_0 E^2 4\pi r^2 \, dr$$

得

$$W = \int_{球内} \frac{1}{2}\varepsilon_0 E_1^2 dV + \int_{球外} \frac{1}{2}\varepsilon_0 E_2^2 dV$$

$$= \int_0^R \frac{1}{2}\varepsilon_0 \left(\frac{Qr}{4\pi\varepsilon_0 R^3}\right)^2 4\pi r^2 dr + \int_R^\infty \frac{1}{2}\varepsilon_0 \left(\frac{Q}{4\pi\varepsilon_0 r^2}\right)^2 4\pi r^2 dr$$

$$= \frac{Q^2}{40\pi\varepsilon_0 R} + \frac{Q^2}{8\pi\varepsilon_0 R}$$

$$= \frac{3Q^2}{20\pi\varepsilon_0 R}$$

习 题 选 编

1. 选择题

(1) 两个大小不等的金属球体,大球直径是小球直径的三倍,小球带电量为 Q,今用细导线连接两球,则(　　)。

　A. 两球带电量相等　　　　　　　B. 大球电势是小球电势的两倍

　C. 两球电势相等　　　　　　　　D. 所有电量都消失

(2) 将一个带正电的带电体 P 从远处移到一个不带电的导体 Q 附近,则导体 Q 的电势将(　　)。

　A. 升高　　　　　　　　　　　　B. 降低

　C. 不会发生变化　　　　　　　　D. 无法确定

(3) 如图 5-32 所示,绝缘的带电导体上有 A、B、C 三点,则(　　)。

　A. A 点电荷密度和电势最大

　B. A 点电荷密度最大,B 点电势最大

　C. C 点电荷密度最大,电势一样大

　D. A 点电荷密度最大,电势一样大

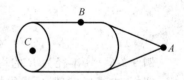

图 5-32　习题 1(3)图

(4) 三个形状相同的金属小球 A、B 和 C,其中 A、B 带有等量同号电荷,二者之间的相互作用力为 F,它们之间的距离远大于小球本身的直径,带有一个绝缘手柄的 C 球不带电,现将 C 与小球 A 接触后,再去和小球 B 接触,然后移去,则 A、B 之间的作用力变为原来的(　　)。

　A. $\dfrac{2}{3}$　　　　B. $\dfrac{5}{6}$　　　　C. $\dfrac{3}{8}$　　　　D. $\dfrac{1}{8}$

(5) 如图 5-33 所示,将一个电量为 Q 的点电荷放在一个半径为 R 的不带电的导体球附近,点电荷距导体球球心为 r,设无穷远处为零电势,则在导体球球心 O

点( )。

A. $E=0, V=\dfrac{Q}{4\pi\varepsilon_0 r}$
B. $E=\dfrac{Q}{4\pi\varepsilon_0 r^2}, V=\dfrac{Q}{4\pi\varepsilon_0 r}$

C. $E=0, V=0$
D. $E=\dfrac{Q}{4\pi\varepsilon_0 r^2}, V=\dfrac{Q}{4\pi\varepsilon_0 R}$

(6) 如图 5-34 所示,一导体球壳内有一点电荷 q,当 q 由 a 点移到 b 点时,c 点的场强将( )。

A. 变大　　　B. 变小　　　C. 不变　　　D. 无法确定

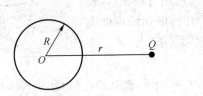
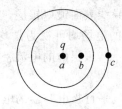

图 5-33　习题 1(5)图　　　　图 5-34　习题 1(6)图

(7) 一平行板电容器,两极板面积均为 S,板间距为 d,带电量为 q 和 $-q$,则 A、B 两极板间的电势差( )。

A. $\dfrac{qd}{2\varepsilon_0 S}$　　B. $\dfrac{qd}{\varepsilon_0 S}$　　C. 0　　D. $\dfrac{2qd}{\varepsilon_0 S}$

(8) 面积为 S 的空气平行板电容器,极板上的带电量分别为 q 和 $-q$,若不考虑边缘效应,则两极板间的相互作用力为( )。

A. $\dfrac{q^2}{\varepsilon_0 S}$　　B. $\dfrac{q^2}{2\varepsilon_0 S}$　　C. $\dfrac{q^2}{2\varepsilon_0 S^2}$　　D. $\dfrac{q^2}{\varepsilon_0 S^2}$

(9) 极板间为真空的平行板电容器,充电后与电源断开,将两极板用绝缘工具拉开一段距离,则正确的是( )。

A. 电容器极板上电荷面密度增加

B. 电容器极板间的电场强度增加

C. 电容器的电容不变

D. 电容器极板间的电势差增大

(10) 今有两个电容器,带电量分别为 q 和 $2q$,而其电容均为 C,则这两个电容器在并联前后总能量的变化量为( )。

A. $\dfrac{9q^2}{4C}$　　B. $\dfrac{5q^2}{2C}$　　C. $\dfrac{q^2}{4C}$　　D. $-\dfrac{q^2}{4C}$

2. 填空题

(1) 如图 5-35 所示,在一带电为 Q,半径为 R_1 的导体球 A 外罩一带电为 $-Q$ 的导体球壳 B,其内外半径分别为 R_2、R_3,若将导体球 A 接地,则 A 球的带电量将变为_____。

(2) 一平行板电容器,其两极板的带电量分别为 Q 和 $-Q$,每个极板的面积为 $S=6\times10^{-2}$ m^2,两极板间的匀强电场 $E=300$ kV/m,板外的电场为 0(不考虑边缘效应),则 $Q=$ _____。

(3) 一铜导线表面镀以银层,当两端加上电压后,若铜线和银层内的电场均可视为是均匀的,则铜线内的电流密度 $j_{铜}$ _____ 银层内的电流密度 $j_{银}$(填"大于"、"小于"或"等于")。

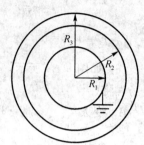

图 5-35　习题 2(1)图

(4) 一空气平行板电容器的电容 $C=1$ pF,充电到电量 $Q=2\times10^{-6}$ C 后,将电源切断,则两极板间的电势差为_____,电场能量为_____。

(5) 一平行板电容器,极板面积为 S,间距为 d,接在电源上,并保持电压恒定为 U,若将极板间距减小为原来的二分之一,那么电容器中静电能改变为_____,外力对极板做的功为_____。

(6) 一平行板电容器的极板面积为 S,间距为 d,带电量分别为 Q 和 $-Q$,若将一个厚度为 d、电容率为 ε 的电介质插入极板间隙,则静电能的改变量为_____,电场力对电介质所做的功为_____。

(7) 真空中有一孤立导体球,其半径为 R,带电量为 Q,则其电势能为_____。

3. 计算题

(1) 点电荷 q 处于导体球壳的中心 O,壳的内外半径分别为 R_1 和 R_2,试求:

① 导体球壳的场强分布;

② 离球心 O 点的距离为 $r(r<R_1)$ 处的 P 点的电势。

(2) 如图 5-36 所示,一带电量为 Q,半径为 R_2 的薄导体球壳,内有一具有同样电量的半径为 R_1 的同心导体球,试求此系统的场强和电势分布。

(3) 如图 5-37 所示,有一无限大平行板电容器。已知 A、B 两极板相隔 5 cm,板上各带电荷 $\sigma=3.3\times10^{-6}$ C·m^{-2},A 板带正电,B 板带负电并接地。试求:

① 在两极板之间离 A 板 1 cm 处的 P 点的电势;

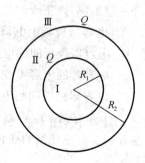

图 5-36　习题 3(2)图

② A 板的电势。

(4) 如图 5-38 所示,半径为 R_0 的导体球带有电荷 Q,球外有一层均匀介质同心球壳,其内外半径分别为 R_1 和 R_2,相对电容率为 ε_r。试求:

① 介质内外的电场强度 E 和电位移 D;
② 介质内的电极化强度 P 和表面上的极化电荷面密度 σ'。

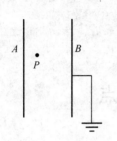

图 5-37　习题 3(3)图

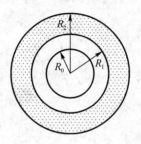

图 5-38　习题 3(4)图

第3章 稳恒磁场

教 学 要 点

1. 教学要求

(1) 掌握磁感应强度的概念。理解毕奥－萨伐尔定律及磁感应强度的叠加原理,会计算一些简单问题中的磁感应强度。

(2) 理解稳恒磁场的高斯定理和安培环路定理,理解用安培环路定理计算磁感应强度的条件和方法。

(3) 理解安培定律,能计算简单几何形状载流导体和载流平面线圈在均匀磁场中,或在无限长直载流导线产生的非均匀磁场中所受的力和力矩。

(4) 理解洛伦兹力公式,能分析点电荷在均匀磁场中的受力和运动。

(5) 了解磁力做功的计算方法。

(6) 了解磁介质的磁化现象及其微观解释,了解铁磁质的特性。

(7) 了解弱磁质的磁化现象及其微观解释,了解铁磁质的特性。

(8) 能分析磁介质在均匀磁化时 B、H 和 M 间的关系及表面分子电流密度与 M 的关系。

(9) 了解介质中的安培环路定理,了解各向同性介质中 B 和 H 之间的关系和区别。

2. 教学重点

(1) 磁感应强度的计算。

(2) 利用高斯定理和安培环路定理计算磁感应强度的条件和方法。

(3) 计算简单几何形状载流导体和载流平面线圈在均匀磁场中,或在无限长直载流导线产生的非均匀磁场中所受的力和力矩。

3. 教学难点

(1) 磁感应强度的计算。

(2) 利用高斯定理和安培环路定理计算磁感应强度的条件和方法。

(3) 计算简单几何形状载流导体和载流平面线圈在均匀磁场中，或在无限长直载流导线产生的非均匀磁场中所受的力和力矩。

内 容 概 要

1. 求磁感应强度的方法

(1) 毕奥—萨伐尔定律

$$d\boldsymbol{B} = \frac{\mu_0}{4\pi} \frac{I d\boldsymbol{l} \times \boldsymbol{r}_0}{r^2} \left(\boldsymbol{r}_0 = \frac{\boldsymbol{r}}{r}\right)$$

其中，$\mu_0 = 4\pi \times 10^{-7}$ T·m·A^{-1}。

几个常用结论：

① 有限长载流导线外一点 P 的磁感应强度为 $B = \frac{\mu_0 I}{4\pi d}(\sin\beta_2 - \sin\beta_1)$（$d$ 为 P 点到导线的距离）；

② 无限长载流导线外一点 P 的磁感应强度为 $B = \frac{\mu_0 I}{2\pi d}$（$d$ 为 P 点到导线的距离）；

③ 圆电流在圆心处的磁感应强度为 $B = \frac{\mu_0 I}{2R}$（R 为原电流的半径）；

④ 张角为 θ 的弧形电流在圆心处的磁感应强度为 $B = \frac{\theta}{2\pi} \frac{\mu_0 I}{2R}$（$R$ 为原电流的半径）。

(2) 微分电流法。利用该方法时，会用到上述的结论。如求无限长载流平板的磁感应强度，会用到无限长载流导线 $B = \frac{\mu_0 I}{2\pi d}$；求圆盘的磁感应强度，会用到圆电流 $B = \frac{\mu_0 I}{2R}$。

(3) 叠加法。该法使用时，会用到磁感应强度的叠加原理和上述结论。

(4) 安培环路定理

$$\oint_L \boldsymbol{B} \cdot d\boldsymbol{l} = \mu_0 \sum_L I_i$$

注意：在选择环路时，为了积分方便，常选取圆周、矩形等对称性积分回路。这里的电流强度 I 有正负之分，具体与所选取的回路的绕行方向有关，可根据右手定则判定。所选取的闭合积分回路必须通过代求点。

2. 磁场对电流的作用

(1) 磁场对载流导线的作用：

① 匀强磁场中，安培力 $F=BIL\sin\theta$（θ 为 I 与 B 方向的夹角）；

② 非匀强磁场中，先用安培定律 $d\boldsymbol{F}=Id\boldsymbol{l}\times\boldsymbol{B}$ 求导线上任一电流元所受的力，再利用 $\boldsymbol{F}=\int d\boldsymbol{F}$ 求得整个导线所受的力。

方向可用右手定则来判定。如果各个电流元所受的安培力的方向不一致，可以建立坐标系，分别求各个坐标轴上的分力，然后再求它们的矢量和。

(2) 求平面线圈在均匀磁场中所受的力矩：

① 利用力矩的定义式，求 $d\boldsymbol{M}=\boldsymbol{r}\times d\boldsymbol{F}$，再利用积分求得整个线圈所受的力矩 $\boldsymbol{M}=\int d\boldsymbol{M}$；

② 利用公式 $\boldsymbol{M}=\boldsymbol{P}_m\times\boldsymbol{B}$（$\boldsymbol{P}_m=IS\boldsymbol{e}_n$ 为一个线圈的磁矩）。

(3) 磁力的功。利用公式 $W=\int_{\Phi_1}^{\Phi_2}Id\Phi$ 求，如果电流恒定，也可用 $W=I\Delta\Phi$ 求。该法适用于匀强磁场中的平面线圈。

(4) 洛伦兹力 $\boldsymbol{f}=q\boldsymbol{v}\times\boldsymbol{B}$。

3. 磁介质

(1) 在充满各向同性的均匀介质中，总磁场与原来的磁场的关系为 $\boldsymbol{B}=\mu_r\boldsymbol{B}_0$。

(2) 电子自旋时，自旋磁矩与自旋角动量的关系为 $\boldsymbol{\mu}_s=-\dfrac{e}{m}\boldsymbol{S}$。

(3) 电子的总磁矩为 $\boldsymbol{\mu}_e=\boldsymbol{\mu}_l+\Delta\boldsymbol{\mu}_l$（$\boldsymbol{\mu}_l$ 为电子轨道运动磁矩，$\Delta\boldsymbol{\mu}_l$ 为附加磁矩）。

(4) 介质中磁场的高斯定理 $\oint_S \boldsymbol{B}\cdot d\boldsymbol{S}=0$。

(5) 介质中磁场的安培环路定理 $\oint_l \boldsymbol{H}\cdot d\boldsymbol{l}=I$。

(6) 各向同性的磁介质，$\boldsymbol{B}=\mu_0\mu_r\boldsymbol{H}=\mu\boldsymbol{H}$（$\boldsymbol{H}$ 为磁场强度）。

例 题 赏 析

例 5-3-1 两平行长直导线相距 40 cm，每条通有电流 $I=200$ A，流向相反，如图 5-39(a)所示。试求：

① 两导线所在平面内与该两导线等距的一点 A 处的磁感应强度；

② 穿过图 5-39(a)中斜线所示矩形面积内的磁通量，其中，$l=25$ cm，$r_1=r_3=\dfrac{1}{2}r_2=10$ cm。($\ln 3=1.1$)

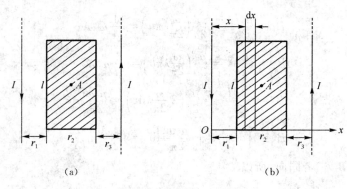

图 5-39 例题 5-3-1 图

解析：

① 根据题意知，两根长直导线电流 I 在 A 点处的磁感应强度的大小和方向都相同，所以 A 点处的磁感应强度为

$$B = B_1 + B_2 = 2 \times \frac{\mu_0 I}{2\pi r} = \frac{\mu_0 I}{\pi r} = \frac{4\pi \times 10^{-7} \times 200}{0.2\pi} = 4 \times 10^{-4} \text{ T}$$

方向垂直于纸面向外。

② 建立坐标轴如图 5-39(b)所示。距离 O 点为 x 处，取一宽度为 dx、长度为 l 的微分元，则其面积为

$$dS = l dx$$

取逆时针为绕行方向，则通过微分元的磁通量为

$$d\Phi = \boldsymbol{B} \cdot d\boldsymbol{S} = Bl dx \cos 0 = \frac{\mu_0 I}{\pi x} l dx$$

所以，所求磁通量为

$$\Phi = \int d\Phi = \frac{\mu_0 Il}{\pi} \int_{r_1}^{r_1+r_2} \frac{dx}{x} = \frac{\mu_0 Il}{\pi} \ln \frac{r_1+r_2}{r_1} = 2.2 \times 10^{-5} \text{ Wb}$$

例 5-3-2 如图 5-40 所示，有一闭合回路由半径为 a 和 b 的两个同心共面半圆连接而成，其上均匀分布线密度为 λ 的电荷。当回路以匀角速度 ω 绕过点 O 垂直于回路平面的轴转动时，求圆心 O 点处的磁感应强度的大小。

解析： 根据题意知，圆心 O 点处的磁感应强度为

$$\boldsymbol{B} = \boldsymbol{B}_1 + \boldsymbol{B}_2 + \boldsymbol{B}_3$$

其中，$\boldsymbol{B}_1$ 为半径为 a 的半圆环转动时在 O 点产生的磁感应强度，$\boldsymbol{B}_2$ 为半径为 b 的半圆环转动时在 O 点产生的磁感应强度，$\boldsymbol{B}_3$ 为长度为 $b-a$ 的两根导线转动时在 O 点产生的磁感应强度的矢量和。

$$B_1 = \frac{\mu_0 I_1}{2a} = \frac{\mu_0}{2a}\left(\frac{\omega}{2\pi}\lambda\pi a\right) = \frac{1}{4}\mu_0 \omega\lambda$$

$$B_2 = \frac{\mu_0 I_2}{2b} = \frac{\mu_0}{2b}\left(\frac{\omega}{2\pi}\lambda\pi b\right) = \frac{1}{4}\mu_0 \omega\lambda$$

$$dB_3 = \frac{\mu_0 dI_3}{2r} = \frac{\mu_0}{2r}\left(2\frac{\omega}{2\pi}\lambda dr\right) = \frac{\mu_0 \omega\lambda}{2\pi r}dr$$

$$B_3 = \int dB_3 = \int_b^a \frac{\mu_0 \omega\lambda}{2\pi r}dr = \frac{\mu_0 \omega\lambda}{2\pi}\ln\frac{a}{b}$$

因为 $\boldsymbol{B}_1$、$\boldsymbol{B}_2$、$\boldsymbol{B}_3$ 三者同向,所以

$$B = B_1 + B_2 + B_3 = \frac{\mu_0 \omega\lambda}{2\pi}\left(\pi + \ln\frac{a}{b}\right)$$

例 5-3-3 如图 5-41 所示,两个共面的平面带电圆环,其内外环半径分别为 R_1、R_2 和 R_3,外面的圆环以每秒 n_2 转的转速顺时针转动,里面圆环以每秒 n_1 转的转速逆时针转动。若电荷面密度都是 σ,求 n_1 和 n_2 的比值多大时,O 点处的磁感应强度为零。

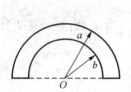
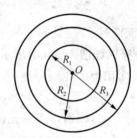

图 5-40 例题 5-3-2 图   图 5-41 例题 5-3-3 图

解析:均匀带电圆环可视作由许多连续分布的圆环带构成的,以 O 点为圆心,在带电圆环上取一半径为 r、宽度为 dr 的圆环带,则其所带电量为

$$dq = \sigma 2\pi r dr$$

当内圆环以每秒 n_1 转的转速逆时针转动时,圆环带所形成的圆电流为

$$dI = n_1 dq$$

它在 O 点产生的磁感应强度为

$$dB_1 = \frac{\mu_0 dI}{2r} = \frac{\mu_0 n_1 dq}{2r} = \frac{\mu_0 n_1 \sigma 2\pi r dr}{2r} = \mu_0 n_1 \sigma\pi dr$$

所以,内圆环在 O 点产生的磁感应强度为

$$B_1 = \int dB_1 = \int_{R_1}^{R_2} \mu_0 n_1 \sigma\pi dr = \mu_0 n_1 \sigma\pi(R_2 - R_1)$$

方向为垂直纸面向外。

同理,外圆环在 O 点产生的磁感应强度为

$$B_2 = \int dB_2 = \int_{R_2}^{R_3} \mu_0 n_2 \sigma \pi dr = \mu_0 n_2 \sigma \pi (R_3 - R_2)$$

方向为垂直纸面向里。

若想让 O 点处的磁感应强度为零,则需

$$B_1 = B_2$$

即

$$\frac{n_1}{n_2} = \frac{R_3 - R_2}{R_2 - R_1}$$

例 5-3-4 将一载有电流 I 的导线弯成如图 5-42 所示形状,若 $I=5$ A,圆弧的半径 $R=0.12$ m,$\varphi=90°$,试计算圆心 O 点的磁感应强度。

解析:因为 $\varphi=90°$,所以圆弧为 $\frac{3}{4}$ 圆弧。设圆弧在 O 点产生的磁感应强度为 B_1,直线 AB 在 O 点产生的磁感应强度为 B_2,则

$$B_1 = \frac{3}{4} \frac{\mu_0 I}{2R} = \frac{3\mu_0 I}{8R}, B_2 = \frac{\mu_0 I}{4\pi r}(\cos 45° - \cos 135°) = \frac{\mu_0 I}{2\pi R}$$

所以,圆心 O 点的磁感应强度为

$$B = \frac{3\mu_0 I}{8R} + \frac{\mu_0 I}{2\pi R} = 2.8 \times 10^{-5} \text{ T}$$

方向为垂直于纸面向里。

例 5-3-5 有一根很长的同轴电缆,由两个筒状导体组成,内筒半径为 R_1,壁厚可略,外筒的内外半径分别为 R_2 和 R_3,如图 5-43 所示,求内外导体上均匀通过方向相反的电流 I 时,此电缆内外各区域磁感应强度的大小。

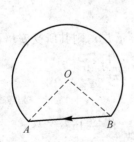

图 5-42 例题 5-3-4 图

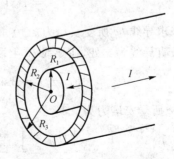

图 5-43 例题 5-3-5 图

解析:应用安培环路定理来求。

做一与圆柱面同轴的半径为 r 且逆时针旋转的圆周为闭合积分回路,则 $\oint_L \boldsymbol{B} \cdot \mathrm{d}\boldsymbol{l} = \oint_L B\mathrm{d}l\cos 0 = 2\pi r B$

当 $r < R_1$ 时,$\sum_i I_i = 0$,所以 $B = 0$;

当 $R_1 < r < R_2$ 时,$\sum_i I_i = I$,所以 $B = \dfrac{\mu_0 I}{2\pi r}$;

当 $R_2 < r < R_3$ 时,$\sum_i I_i = I - I\dfrac{r^2 - R_2^2}{R_3^2 - R_2^2}$,所以 $B = \dfrac{\mu_0 I}{2\pi r}\left(1 - \dfrac{r^2 - R_2^2}{R_3^2 - R_2^2}\right)$;

当 $r > R_3$ 时,$\sum_i I_i = I - I = 0$,所以 $B = 0$。

例 5-3-6 如图 5-44 所示,电流为 I 的无限长直线电流与通有电流 I_0 的矩形导体线框 $abcd$ 共面,电流流向为逆时针,ab 边到长直导线的距离为 r_1,cd 边的长度为 L,到长直导线的距离为 r_2,求该矩形导线框 $abcd$ 所受的合安培力。

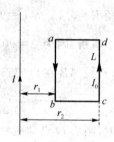

图 5-41 例题 5-3-6 图

解析:长直导线在导线 ab 处产生的磁感应强度为

$$B_{ab} = \dfrac{\mu_0 I}{2\pi r_1}$$

所受安培力为

$$F_{ab} = B_{ab} I_0 L = \dfrac{\mu_0 I I_0 L}{2\pi r_1}$$

同理,导线 cd 所受安培力为

$$F_{cd} = B_{cd} I_0 L = \dfrac{\mu_0 I I_0 L}{2\pi r_2}$$

下面来求导线 bc 所受安培力。

距离长直导线为 r 处,在导线 bc 上取一电流元 $I\mathrm{d}r$,则其所受安培力为

$$\mathrm{d}F_{bc} = I_0 \mathrm{d}r B \sin 90° = \dfrac{\mu_0 I}{2\pi r} I_0 \mathrm{d}r$$

所以导线 bc 所受安培力为

$$F_{bc} = \int \mathrm{d}F_{bc} = \int_{r_1}^{r_2} \dfrac{\mu_0 I}{2\pi r} I_0 \mathrm{d}r = \dfrac{\mu_0 I I_0}{2\pi} \ln \dfrac{r_2}{r_1}$$

由题意可知,导线 da、bc 段所受的安培力大小相等,方向相反,相互抵消。

所以,矩形导线框 $abcd$ 所受的合安培力为

$$F = F_{ab} - F_{cd} = \frac{\mu_0 I I_0 L}{2\pi r_1} - \frac{\mu_0 I I_0 L}{2\pi r_2} = \frac{\mu_0 I I_0 L}{2\pi}\left(\frac{1}{r_1} - \frac{1}{r_2}\right)$$

方向垂直于导线 ab 向右。

例 5-3-7 在无限长直电流 I_1 的垂直平面内有一载流为 I_2 的线圈,如图 5-45 所示,线圈两边为直线,沿径向;另两边为圆弧,半径为 R_1 和 R_2,圆心角为 2θ。试求:

① 线圈各边所受的 I_1 的磁场的作用力及这些作用力的合力;

② 线圈所受 I_1 磁场的力矩。

解析:

① 因为 $\overset{\frown}{AB}$ 与 $\overset{\frown}{CD}$ 上的各个电流元都与 I_1 所产生的磁感应强度 B_1 的方向平行,所以 $\overset{\frown}{AB}$ 与 $\overset{\frown}{CD}$ 所受的安培力为零。

下面来求 $\overline{DA}$ 与 $\overline{BC}$ 所受的安培力。先来求 $\overline{DA}$ 所受的安培力。

在 $\overline{DA}$ 上距 I_1 为 r 处取一电流元 $I_2\mathrm{d}r$,则其所受的安培力为

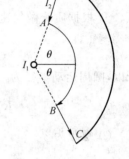

图 5-45 例题 5-3-7 图

$$\mathrm{d}F_{DA} = I_2\mathrm{d}r B_1 = \frac{\mu_0 I_1 I_2 \mathrm{d}r}{2\pi r}$$

所以, $\overline{DA}$ 所受安培力大小为

$$F_{DA} = \int\mathrm{d}F_{DA} = \int_{R_1}^{R_2} \frac{\mu_0 I_1 I_2 \mathrm{d}r}{2\pi r} = \frac{\mu_0 I_1 I_2}{2\pi}\ln\frac{R_2}{R_1}$$

方向为垂直纸面向下。

同理, $\overline{BC}$ 受力为

$$F_{BC} = \frac{\mu_0 I_1 I_2}{2\pi}\ln\frac{R_2}{R_1}$$

方向为垂直纸面向上。

所以,线圈各边所受的合安培力为零。

② 在 $\overline{BC}$ 及 $\overline{DA}$ 上对应取微分元 $\mathrm{d}r$,它们受磁场力对 x 轴形成力偶,力矩为

$$\mathrm{d}M = 2r\sin\theta \mathrm{d}F = \frac{\mu_0}{\pi}I_1 I_2 \sin\theta \mathrm{d}r$$

方向沿 x 轴负向。

各对力偶同方向,所以整个线圈所受的总力矩为

$$M = \int\mathrm{d}M = \frac{\mu_0}{\pi}I_1 I_2 \sin\theta \int_{R_1}^{R_2}\mathrm{d}r = \frac{\mu_0}{\pi}I_1 I_2 \sin\theta(R_2 - R_1)$$

方向沿 x 轴负向。

例 5-3-8 一质子以 1×10^7 m/s 的速度射入磁感应强度 $B=1.5$ T 的均匀磁场中,其速度方向与磁场方向成 30°角。计算:
① 质子做螺旋运动的半径;
② 螺距;
③ 旋转频率。

解析:
① 根据质子做匀速率圆周运动的向心力公式

$$F = ev_\perp B = m\frac{v_\perp^2}{R}$$

所以,圆周运动半径为

$$R = \frac{mv_\perp}{eB} = \frac{mv\sin\theta}{eB} = 3.48\times 10^{-2} \text{ m}$$

② 螺距为

$$h = v_\parallel T = v\cos\theta \frac{2\pi R}{v_\perp} = \frac{2\pi mv\cos\theta}{eB} = 0.38 \text{ m}$$

③ 旋转频率为

$$f = \frac{1}{T} = \frac{eB}{2\pi m} = 2.28\times 10^7 \text{ Hz}$$

例 5-3-9 在霍尔效应实验中,宽 1 cm、长 4 cm、厚 1×10^{-3} cm 的导体,沿长度方向通有 3 A 的电流,当磁感应强度为 1.5 T 的磁场垂直地通过该薄导体时,产生 1×10^{-5} V 的横向霍耳电压(在宽度两端),试求:
① 载流子的漂移速率;
② 每 1 cm³ 载流子的数目。

解析:
① 设 v 是电子的漂移速率,由

$$eE_H = evB$$

得

$$v = \frac{E_H}{B} = \frac{V_1 - V_2}{Ba} = \frac{1\times 10^{-5}}{1.5\times 1\times 10^{-2}} = 6.7\times 10^{-4} \text{ m/s}$$

② 根据霍耳电压与载流子的粒子数密度 n 的关系

$$V_1 - V_2 = \frac{1}{nq}\frac{BI}{b}$$

得

$$n = \frac{1}{(V_1 - V_2)q} \frac{BI}{b}$$

$$= \frac{1}{1 \times 10^{-5} \times 1.6 \times 10^{-19}} \times \frac{1.5 \times 3}{1 \times 10^{-3}}$$

$$= 2.81 \times 10^{27} \, \text{m}^{-3}$$

所以，每 $1 \, \text{cm}^3$ 载流子的数目为 $2.81 \times 10^{27} \, \text{m}^{-3}$。

例 5-3-10 一螺绕环中心周长为 0.2 m，环上均匀密绕线圈 300 匝，线圈中通有电流 0.2 A，今在管内充满相对磁导率为 4 000 的均匀磁介质，管内的 **B** 和 **H** 的大小各是多少？

解析：以螺绕环的中心为轴，取一个半径为 r 的闭合圆周为积分回路，由磁介质中的安培环路定理，有

$$\oint_L \boldsymbol{H} \cdot \mathrm{d}\boldsymbol{l} = \sum_i I_i = NI$$

所以

$$H = \frac{NI}{2\pi r} = \frac{300 \times 0.2}{0.2} = 300 \, \text{A} \cdot \text{m}^{-1}$$

$$B = \mu H = 4\pi \times 10^{-7} \times 4\,000 \times 300 = 1.507\,2 \, \text{T}$$

习 题 选 编

1. 选择题

（1）如图 5-46 所示，载有电流 I 的一长直导线弯成如图所示形状，则 O 点的磁感应强度为（　　）。

A. $\dfrac{(2+\sqrt{3})\mu_0 I}{2\pi a}$，方向垂直纸面向里

B. $\dfrac{(2-\sqrt{3})\mu_0 I}{4\pi a}$，方向垂直纸面向外

C. $\dfrac{(2+\sqrt{3})\mu_0 I}{4\pi a}$，方向垂直纸面向外

D. 0

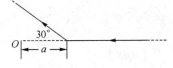

图 5-46　习题 1(1)图

（2）通有电流 I 的无限长直导线弯成如图 5-47 所示三种形状，则 A、B、C 各点磁感应强度的大小关系为（　　）。

A. $B_A > B_B > B_C$　　　　　　B. $B_B > B_A > B_C$

C. $B_B > B_C > B_A$　　　　　　D. $B_C > B_B > B_A$

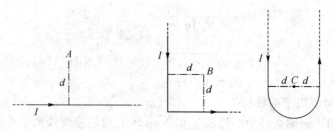

图 5-47 习题 1(2)图

(3) 将一通有电流 I 的长直导线弯成如图 5-48 所示形状,则 O 点的磁感应强度为(　　)。

A. $\dfrac{\mu_0 I}{2\pi r}+\dfrac{\mu_0 I}{6r}$,方向为 $\odot$ 　　　B. $\dfrac{\mu_0 I}{4r}+\dfrac{\mu_0 I}{12\pi r}$,方向为 $\otimes$

C. $\dfrac{\mu_0 I}{4\pi r}+\dfrac{\mu_0 I}{12r}$,方向为 $\odot$ 　　　D. $\dfrac{\mu_0 I}{4\pi r}+\dfrac{\mu_0 I}{12r}$,方向为 $\otimes$

(4) 如图 5-49 所示,电流由长直导线 1 沿半径方向经点 A 流入一电阻均匀分布的圆环,再由点 B 沿半径方向从圆环流出,经长直导线 2 返回电源。已知直导线上的电流强度为 I,圆环的半径为 R,且 1、2 两直导线的夹角 $\angle AOB=45°$,若载流直导线 1、2 和圆环在 O 点产生的磁感应强度分别用 B_1、B_2、B_3 表示,则圆心 O 处的磁感应强度的大小 B 为(　　)。

A. $B=0$,因为 $B_1=B_2=B_3=0$

B. $B=0$,因为虽然 $B_1\neq 0$,$B_2\neq 0$,但 $B_1+B_2=0$,$B_3=0$

C. $B\neq 0$,因为虽然 $B_1+B_2=0$,但 $B_3\neq 0$

D. $B\neq 0$,因为虽然 $B_3=0$,但 $B_1+B_2\neq 0$

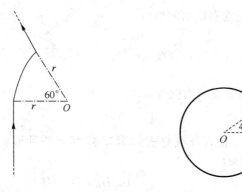

图 5-48 习题 1(3)图　　　图 5-49 习题 1(4)图

(5) 如图 5-50 所示,有两个边长为 a 的正方形在 A、B 两点接触,O 点是正方形的中心,也是 A、B 连线的中点,电流 I 沿图中所示方向从 A 端流入,从 B 端流出,则 O 点的磁感应强度大小为( )。

A. $\dfrac{\mu_0 I}{2a}$ B. 0

C. $\dfrac{\mu_0 I}{2\pi a}$ D. $\dfrac{\mu_0 I}{\pi a}$

(6) 在无限长载流直导线附近作一球形闭合曲面 S,当曲面 S 向长直导线靠近时,穿过曲面 S 的磁通量 Φ 和面上各点的磁感应强度 B 的大小会如何变化?( )。

A. Φ 增大,B 也增大
B. Φ 不变,B 也不变
C. Φ 增大,B 不变
D. Φ 不变,B 增大

(7) 将一矩形线框与一长直载流导线放在同一平面内,如图所示,通过线框所围面积的磁通量最大的是( )。

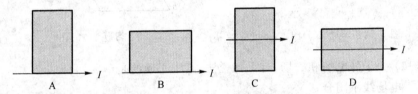

(8) 四条相互平行的载流长直导线上通有电流 I,如图 5-51 所示,设正方形的边长为 a,则正方形中心 O 点处的磁感应强度为( )。

A. $\dfrac{2\mu_0 I}{\pi a}$ B. $\dfrac{\sqrt{2}\mu_0 I}{\pi a}$

C. 0 D. $\dfrac{\mu_0 I}{\pi a}$

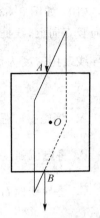

图 5-50 习题 1(5)图

图 5-51 习题 1(8)图

(9) 两根无限长载流直导线互相绝缘地交叉放置,导线 L_1 固定不动,导线 L_2 在纸面内可自由转动,电流方向如图 5-52 所示,导线 L_2 将( )。

A. 顺时针转动 B. 逆时针转动
C. 向右平动 D. 向左平动

(10) 如图 5-53 所示，一均匀导线框 abcd 置于均匀磁场中，磁感应强度 **B** 的方向竖直向上，线框可绕 AB 轴转动，导线通电时，转动 α 角后，达到稳定平衡，如果导线改用密度为原来 $\frac{1}{2}$ 的材料制成，欲保持 α 角不变，可采用下列哪种方法？（ ）

A. 将磁感应强度 **B** 的大小减为原来的 $\frac{1}{2}$

B. 将电流强度的大小减为原来的 $\frac{1}{4}$

C. 将导线框 bc 部分的长度减为原来的 $\frac{1}{2}$

D. 将导线框 ab 和 cd 部分的长度各减为原来的 $\frac{1}{2}$

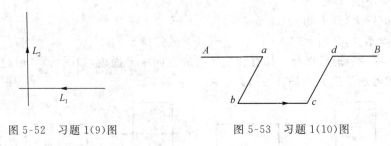

图 5-52　习题 1(9)图　　　　图 5-53　习题 1(10)图

(11) 关于静电场和磁场，有下列说法，其中正确的是（   ）。
① 电场线不闭合；
② 磁感应线闭合；
③ 静电场和磁场都可以使运动电荷发生偏转；
④ 静电场和磁场都可以使运动电荷加速；
⑤ 静电场和磁场都能对运动电荷做功。

　　A. ①②③　　　B. ①②④　　　C. ①②④⑤　　　D. ①②⑤

(12) 如图 5-54 所示为三个正、负电子以相同速度，同时在 O 点分别沿着 a、b、c 射入匀强磁场后偏转轨迹的照片，磁场方向垂直向外，则下列说法中正确的是（   ）。

A. a、b 是正电子，c 是负电子，a、b、c 同时回到 O 点

B. a、b 是负电子，c 是正电子，a、b、c 同时回到 O 点

C. a、b 是正电子，c 是负电子，a、b、c 不同时回到 O 点

D. a、b 是负电子，c 是正电子，a、b、c 不同时回到 O 点

(13) 如图 5-55 所示,一电子以速度 v 沿 x 轴射入磁感应强度为 B 的均匀磁场中,磁场方向垂直纸面向里,其范围从 $x=0$ 延伸到无限远,如果质点从坐标原点进入磁场,则它离开磁场的坐标是(　　)。

A. $\left(0, \dfrac{m_e v}{eB}\right)$　　B. $\left(0, \dfrac{2m_e v}{eB}\right)$　　C. $\left(0, -\dfrac{2m_e v}{eB}\right)$　　D. $\left(0, -\dfrac{m_e v}{eB}\right)$

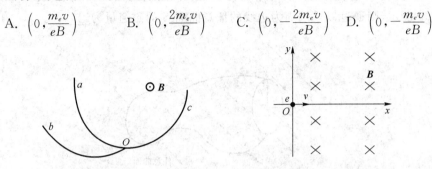

图 5-54　习题 1(12)图　　　　图 5-55　习题 1(13)图

(14) 磁介质有三种,用相对磁导率 μ_r 表征它们各自的特性时(　　)。

A. 顺磁质 $\mu_r > 0$,抗磁质 $\mu_r < 0$,铁磁质 $\mu_r \gg 1$
B. 顺磁质 $\mu_r > 1$,抗磁质 $\mu_r = 1$,铁磁质 $\mu_r \gg 1$
C. 顺磁质 $\mu_r > 1$,抗磁质 $\mu_r < 1$,铁磁质 $\mu_r \gg 1$
D. 顺磁质 $\mu_r > 0$,抗磁质 $\mu_r < 0$,铁磁质 $\mu_r > 1$

2. 填空题

(1) 在一平面内,有两条垂直交叉但相互绝缘的导线,流过每条导线的电流 i 的大小相等,其方向如图 5-56 所示,则在_____区域中某些点的磁感应强度 B 可能为零。

(2) 将一根导线弯成一个正方形框架,边长为 a,通有顺时针流向的电流 I,则此正方形导线框的中心 O 点处的磁感应强度大小为_____,方向为_____。

(3) 如图 5-57 所示,$ABCD$ 是无限长导线,通以电流 I,BC 段被弯成半径为 R 的半圆环,CD 段垂直于半圆环所在的平面,AB 的延长线通过圆心 O 和 C 点,则圆心 O 处的磁感应强度大小为_____。

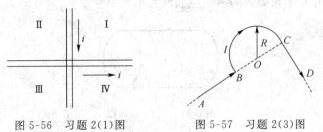

图 5-56　习题 2(1)图　　　　图 5-57　习题 2(3)图

(4) 真空中,有一无限长圆柱面电流 I,今做一个与无限长圆柱面电流同轴的半径为 R、长为 L 的圆柱面,则通过此闭合圆柱面的磁通量为_____。

(5) 在匀强磁场 **B** 中,取一半径为 R 的圆,圆面的法线 **n** 与 **B** 成 $30°$ 角,如图 5-58 所示,则通过以该圆周为边线的任意曲面 S 的磁通量为_____。

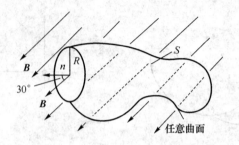

图 5-58　习题 2(5)图

(6) 两根长直导线通有电流 I,如图 5-59 所示有三种环路,对于环路 a,$\oint \boldsymbol{B} \cdot \mathrm{d}\boldsymbol{l}$ 等于_____;对于环路 b,$\oint \boldsymbol{B} \cdot \mathrm{d}\boldsymbol{l}$ 等于_____;对于环路 c,$\oint \boldsymbol{B} \cdot \mathrm{d}\boldsymbol{l}$ 等于_____。

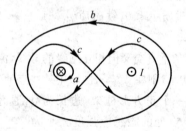

图 5-59　习题 2(6)图

(7) 如图 5-60 所示,在无限长直圆筒中,沿圆周方向的电流密度(单位长度上流过的电流)为 i,则圆筒内的磁感应强度大小为 $B=$_____,方向为_____。

图 5-60　习题 2(7)图

(8) 如图 5-61 所示，一圆心角为 $60°$ 的 $\overset{\frown}{AB}$ 上通有电流 I，其半径为 R，将其置于匀强磁场 B 中，则该载流导线所受的安培力的大小为_____。

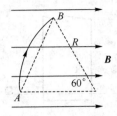

图 5-61　习题 2(8)图

(9) 半圆形载流线圈，半径为 R，载有电流 I，磁感应强度为 B，如图 5-62 所示，则 AB 边所受的安培力大小为_____，方向为_____；此线圈的磁矩大小为_____，方向为_____；线圈所受的磁力矩大小为_____，方向为_____。

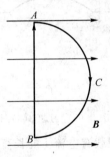

图 5-62　习题 2(9)图

3. 计算题

(1) 如图 5-63 所示，一扇形薄片的半径为 R，张角为 θ，其上均匀分布正电荷，电荷密度为 σ，薄片绕圆心 O 点且垂直于薄片的轴转动，角速度为 ω，求 O 点处的磁感应强度。

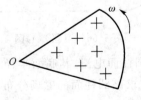

图 5-63　习题 3(1)图

(2) 如图 5-64 所示，一宽度为 a 的半无限长金属板置于真空中，其上均匀通有电流 I，试求与薄板共面且距薄板边缘为 b 处的磁感应强度。

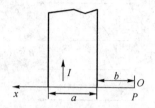

图 5-64　习题 3(2)图

(3) 将一通有电流 I 的无限长直导线弯成如图 5-65 所示形状，中部一段为圆弧形，半径为 R，求圆心 O 点的磁感应强度。

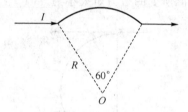

图 5-65　习题 3(3)图

(4) 如图 5-66 所示，将一根载有电流 I 的长直导线弯成如图所示形状，其中弯成的圆弧为 $\dfrac{3}{4}$ 圆周，其半径为 R，试求圆心 O 处的磁感应强度。

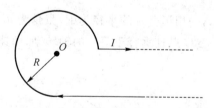

图 5-66　习题 3(4)图

(5) 真空中有一无限长圆柱面电流，其底面半径为 R，电流 I 在圆柱的表面上均匀分布，如图 5-67 所示，试求该圆柱面的磁场分布。

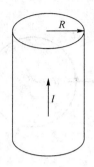

图 5-67　习题 3(5)图

(6) 如图 5-68 所示,有一通有电流 I(每匝通过的电流)的密绕平面螺旋线圈,总匝数为 N,它被限制在半径为 R_1 和 R_2 的两个圆周之间,试求此螺旋线圈中心 O 点处的磁感应强度。

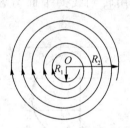

图 5-68　习题 3(6)图

(7) 如图 5-69 所示,一无限长直导线与一等腰直角三角形线圈共面(BC 边与直导线平行),分别通以电流 I_1 和 I_2,试求电流 I_1 对 AC、AB、BC 三边的作用力。

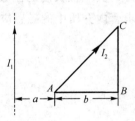

图 5-69　习题 3(7)图

(8) 如图 5-70 所示,通有电流 I_1 的无限长直导线附近有一半径为 R 的平面圆形线圈,线圈中通有电流 I_2,若线圈中心 O 点到长直导线的距离为 a,且二者共面,求圆形线圈所受的安培力。

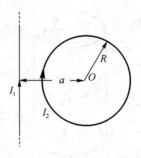

图 5-70 习题 3(8)图

(9) 如图 5-71 所示,一半圆形闭合线圈半径 $R=10$ cm,通有电流 $I=10$ A,放在均匀磁场中,磁场方向与线圈平面平行,$B=5\times 10^3$ Gs。试求:

① 线圈所受力矩的大小和方向;

② 当此线圈受力矩的作用转到线圈平面与磁场垂直的位置时,力矩所做的功。

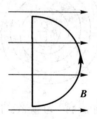

图 5-71 习题 3(9)图

(10) 长直螺线管中有电流 I,其单位长度的匝数为 n,螺线管内部充满磁导率为 μ 的各向同性均匀磁介质,求管内介质中的磁感应强度 $\boldsymbol{B}$、磁场强度 $\boldsymbol{H}$ 和磁化强度 $\boldsymbol{M}$。

第 4 章 电磁场和电磁波

教 学 要 点

1. 教学要求

(1) 掌握法拉第电磁感应定律。
(2) 理解动生电动势、感生电动势和涡旋电场的概念,会进行简单计算。
(3) 了解自感系数和互感系数。
(4) 了解磁能密度、磁场能量的概念。
(5) 理解位移电流及位移电流密度的概念、全电流定律的意义。
(6) 了解麦克斯韦方程组积分形式及其物理意义。
(7) 了解电磁场的物质性。

2. 教学重点

感应电动势的计算。

3. 教学难点

感应电动势的计算。

内 容 概 要

1. 感生电动势的计算

(1) 利用法拉第电磁感应定律 $\varepsilon = -\dfrac{\mathrm{d}\Phi}{\mathrm{d}t}$ 计算。

若为 N 匝线圈,则为 $\varepsilon = -N\dfrac{\mathrm{d}\Phi}{\mathrm{d}t} = -\dfrac{\mathrm{d}\Psi_m}{\mathrm{d}t}$。

(2) 由感生电动势的定义 $\varepsilon = \displaystyle\int_L \boldsymbol{E}_i \cdot \mathrm{d}\boldsymbol{l}$ 计算。注意,此种方法只有在计算当无

限长圆柱空间的均匀磁场随时间变化时,产生的感生电动势才能用。

2. 动生电动势的计算

(1) 用法拉第电磁感应定律计算。

(2) 利用动生电动势的定义 $\varepsilon = \int_L (\boldsymbol{V} \times \boldsymbol{B}) \cdot \mathrm{d}\boldsymbol{l}$ 计算。

若 $\varepsilon > 0$,则积分上限所对应的位置为高电势端,动生电动势的方向为 $a \rightarrow b$;若 $\varepsilon < 0$,则积分下限所对应的位置为高电势端,动生电动势的方向为 $b \rightarrow a$。有时也可用右手定则大致判断 ε 的方向。

3. 自感系数的计算

(1) 利用公式 $L = \dfrac{\psi}{I}$ 计算,ψ 称为磁通量。

(2) 先计算自感电动势 ε_L,再利用公式 $L = -\dfrac{\varepsilon_L}{(\mathrm{d}I/\mathrm{d}t)}$ 计算。

(3) 先计算自感线圈的磁能 W_m,再利用 $L = \dfrac{2W_m}{I^2}$ 计算。

4. 互感的计算

(1) 利用公式 $M = \dfrac{\psi_{21}}{I_1}$ 或 $M = \dfrac{\psi_{12}}{I_2}$ 计算。

(2) 先计算互感电动势 ε_{21},再利用公式 $M = \dfrac{\varepsilon_{21}}{(\mathrm{d}I_1/\mathrm{d}t)}$ 计算。

5. 磁场的能量密度

$$\omega_m = \frac{1}{2}\frac{B^2}{\mu} = \frac{1}{2}BH$$

6. 位移电流密度

$$\boldsymbol{j}_D = \frac{\partial \boldsymbol{D}}{\partial t}$$

7. 全电流定律

$$\oint_L \boldsymbol{H} \cdot \mathrm{d}\boldsymbol{l} = \iint_S \frac{\partial \boldsymbol{D}}{\partial t} \cdot \mathrm{d}\boldsymbol{S}$$

8. 麦克斯韦电磁场方程组

(1) $\oiint_S \boldsymbol{E} \cdot \mathrm{d}\boldsymbol{S} = \dfrac{q_0}{\varepsilon_0}$

(2) $\oiint_S \boldsymbol{B} \cdot \mathrm{d}\boldsymbol{S} = 0$

(3) $\oint_l \boldsymbol{E} \cdot \mathrm{d}\boldsymbol{l} = -\iint_S \dfrac{\partial \boldsymbol{B}}{\partial t} \cdot \mathrm{d}\boldsymbol{S}$

(4) $\oint_l \boldsymbol{H} \cdot \mathrm{d}\boldsymbol{l} = I_c + \iint_S \frac{\partial \boldsymbol{D}}{\partial t} \cdot \mathrm{d}\boldsymbol{S}$

例题赏析

例 5-4-1 如图 5-72 所示,两无限长载流导线上通有电流,其值均为 $I = 4t - 5$,两电流方向相反,在两无限长载流导线的一侧有一固定不动的矩形导体回路,与导线共面,若回路的宽为 a、长为 b,且回路近导线一侧分别与导线相距为 r_1 与 r_2。试求矩形导体回路中的感应电动势。

解析:取逆时针方向为回路的绕行方向。

如图所示,距长直载流导线为 x 处,在回路中取一宽度为 $\mathrm{d}x$、长为 b 的微分元,则通过该微分元的磁感应强度为

$$B = B_1 - B_2 = \frac{\mu_0 I}{2\pi x} - \frac{\mu_0 I}{2\pi(x + r_2 - r_1)}$$

所以,穿过导体回路的磁通量为

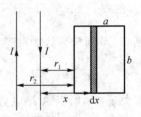

图 5-72 例题 5-4-1 图

$$\begin{aligned}\Phi &= \int \boldsymbol{B} \cdot \mathrm{d}\boldsymbol{S} \\ &= \int_{r_1}^{r_1+a} Bb\cos 0 \mathrm{d}x \\ &= \int_{r_1}^{r_1+a} \left[\frac{\mu_0 I}{2\pi x} - \frac{\mu_0 I}{2\pi(x+r_2-r_1)} \right] b \mathrm{d}x \\ &= \frac{\mu_0 Ib}{2\pi} \left(\ln \frac{r_1+a}{r_1} - \ln \frac{r_2+a}{r_2} \right)\end{aligned}$$

由法拉第定律知,矩形导体回路中的感应电动势为

$$\begin{aligned}\varepsilon &= -\frac{\mathrm{d}\Phi}{\mathrm{d}t} \\ &= -\frac{4\mu_0 b}{2\pi}\left(\ln\frac{r_1+a}{r_1} - \ln\frac{r_2+a}{r_2} \right) \\ &= \frac{2\mu_0 b}{\pi}\ln\frac{r_1(r_2+a)}{r_2(r_1+a)}\end{aligned}$$

显然 $\varepsilon < 0$,所以感应电动势的方向为顺时针方向。

例 5-4-2 如图 5-73 所示,一半径为 R 的半圆形导线,保持与一载流长直导线共面,且直径 AB 与长直电流垂直,A 端到直电流的距离为 a。当半圆导线以匀速度 v 平行于长直电流 I 向上运动时,试问半圆形导线中的感应电动势的大小为多

少;哪一端电势较高。

解析:连接直径 AB,由图中可知,半圆形导线与 AB 导线切割磁力线条数相同,所以半圆形导线中的感应电动势大小与导线 AB 的感应电动势大小相同,故我们可将所求转化为求直导线 AB 的感应电动势。

距离长直导线为 x 处,在导线 AB 上取一微分元 dx,则

$$\varepsilon = \int_A^B (\boldsymbol{v} \times \boldsymbol{B}) \cdot d\boldsymbol{x}$$

$$= \int_a^{a+2R} v \frac{\mu_0 I}{2\pi x} dx \cos 180°$$

$$= -\frac{\mu_0 I v}{2\pi} \ln \frac{a+2R}{a}$$

所以,半圆形导线中的感应电动势的大小为

$$\frac{\mu_0 I v}{2\pi} \ln \frac{a+2R}{a}$$

显然 $\varepsilon < 0$,所以 A 端电势高。

例 5-4-3 如图 5-74 所示,金属棒 OA 在均匀磁场中绕通过 O 点的垂直轴 Oz 做锥形匀角速旋转,棒 OA 长为 L,与轴 Oz 的夹角为 θ,角速度为 ω,磁感应强度为 $\boldsymbol{B}$,方向沿 Oz 轴正向。试求 OA 两端的电势差。

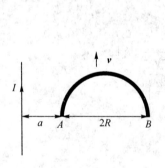

图 5-73 例题 5-4-2 图

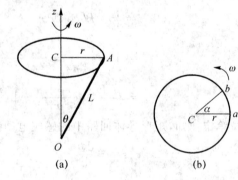

图 5-74 例题 5-4-3 图

解析:

(解法一)利用动生电动势公式来求。

如图 5-74(a),距离 O 点为 l 处,在金属棒 OA 上取一宽度为 dl 的微分元,则

$$\varepsilon = \int_O^A (\boldsymbol{v} \times \boldsymbol{B}) \cdot d\boldsymbol{l}$$

$$= \int_0^L \omega l \sin\theta \sin 90° B dl \cos\left(\frac{\pi}{2} - \theta\right)$$

$$= \frac{1}{2}\omega B L^2 \sin^2\theta$$

显然 $\varepsilon > 0$，所以 A 端电势高，电动势的方向为由 O 指向 A。

（解法二）利用法拉第定律来求。如图 5-74(b)，当金属棒 OA 在 Δt 的时间内 A 端从点 a 转到点 b，相对应的磁通量应为

$$\Delta\Phi = B\Delta S = B \cdot \frac{1}{2}r^2\alpha = \frac{1}{2}B(L\sin\theta)^2\alpha$$

所以

$$\varepsilon = -\frac{d\Phi}{dt}$$

$$= -\frac{1}{2}B(L\sin\theta)^2\frac{d\alpha}{dt}$$

$$= -\frac{1}{2}\omega B L^2 \sin^2\theta$$

即 ε 的大小为 $\frac{1}{2}\omega BL^2\sin^2\theta$，方向由楞次定则判定为由 O 指向 A。

例 5-4-4 如图 5-75 所示，质量为 M、长度为 L 的金属棒 AB，从静止开始沿倾斜的绝缘光滑框架下滑。设磁场 $\boldsymbol{B}$ 均匀且方向竖直向上。试求金属棒的感应电动势。

解析：由牛顿运动定律可得，金属棒 AB 沿光滑框架下滑时，满足

$$Ma = Mg\sin\theta$$

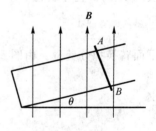

图 5-75 例题 5-4-4 图

所以，金属棒 AB 的加速度为

$$a = g\sin\theta$$

棒在任意时刻下滑的速度为

$$v = at = g\sin\theta \cdot t$$

所以，金属棒的感应电动势为

$$\varepsilon = \int_A^B (\boldsymbol{v} \times \boldsymbol{B}) \cdot d\boldsymbol{l}$$

$$= \int_0^L vB\sin\left(\frac{\pi}{2} + \theta\right)\cos 180° dl$$

$$= -vB\cos\theta\cos\pi L$$

$$=-\frac{1}{2}gBLt\sin 2\theta$$

显然 $\varepsilon<0$，所以 A 端电势高，感应电动势的方向为由 B 指向 A。

例 5-4-5 一通有电流 I 的长直水平导线近旁有一斜向的金属棒 AB 与之共面，并以平行于电流 I 的速度 v 平动，如图 5-76(a)所示，已知棒的端点 A、B 与导线的距离分别为 a、b。试求 AB 棒中的电动势。

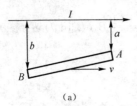
(a)
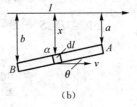
(b)

图 5-76　例题 5-4-5 图

解析：距离 A 端为 l 处，在 AB 棒上取一电流元 $\mathrm{d}l$，则
$$\varepsilon=\int_A^B(\boldsymbol{v}\times\boldsymbol{B})\cdot\mathrm{d}\boldsymbol{l}=\int_A^B vB\cos\alpha\,\mathrm{d}l$$

设 $\mathrm{d}l$ 距离长直导线为 x，则
$$B=\frac{\mu_0 I}{2\pi x}$$

下面转换积分变量。由图 5-76(b)知，
$$\mathrm{d}x=\mathrm{d}l\sin\theta$$

又
$$\alpha=\frac{\pi}{2}+\theta$$

所以
$$\varepsilon=\int_A^B(\boldsymbol{v}\times\boldsymbol{B})\cdot\mathrm{d}\boldsymbol{l}$$
$$=\int_A^B vB\cos\alpha\,\mathrm{d}l$$
$$=\int_A^B v\frac{\mu_0 I}{2\pi x}\cos\left(\frac{\pi}{2}+\theta\right)\frac{\mathrm{d}x}{\sin\theta}$$
$$=-\frac{\mu_0 Iv}{2\pi}\int_a^b\frac{\mathrm{d}x}{x}$$
$$=-\frac{\mu_0 Iv}{2\pi}\ln\frac{b}{a}$$

显然 $\varepsilon<0$,所以 A 端电势高,感应电动势的方向为由 B 指向 A。

例 5-4-6 如图 5-77(a)所示,在长直载流导线的近旁,放置一个矩形导体线框,该线框在垂直于导线方向上以匀速率 v 向右移动,求在图 5-77(a)位置中,线框中感应电动势的大小和方向。

解析:

(解法一)利用动生电动势公式求解。

根据题意知,线框中的感应电动势为

$$\varepsilon = \varepsilon_{ab} - \varepsilon_{dc}$$

$$= \int_a^b (\boldsymbol{v} \times \boldsymbol{B}) \cdot \mathrm{d}\boldsymbol{l} - \int_d^c (\boldsymbol{v} \times \boldsymbol{B}) \cdot \mathrm{d}\boldsymbol{l}$$

$$= \frac{\mu_0 I v}{2\pi d} \int_0^{l_2} \mathrm{d}l - \frac{\mu_0 I v}{2\pi (d+l_1)} \int_0^{l_2} \mathrm{d}l$$

$$= \frac{\mu_0 I v l_1 l_2}{2\pi d(d+l_1)}$$

因为 $\varepsilon>0$,即 $\varepsilon_{ab}>\varepsilon_{dc}$,所以感应电动势的方向为顺时针方向。

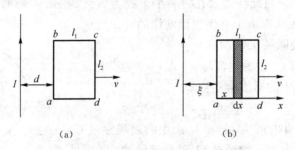

图 5-77 例题 5-4-6 图

(解法二)利用法拉第定律求解。

取顺时针方向为回路的绕行方向。假设经过 Δt 的时间,线框运动到如图 5-77(b)所示的位置。距离 a 点为 x 处,在导线 da 上取一宽度为 $\mathrm{d}x$、长度为 l_2 的微分元,则通过该微分元的磁通量为

$$\mathrm{d}\Phi = \boldsymbol{B} \cdot \mathrm{d}\boldsymbol{S} = \frac{\mu_0 I l_2}{2\pi(\xi+x)} \cos 0 \mathrm{d}x$$

所以,通过线框回路的磁通量为

$$\Phi = \int \mathrm{d}\Phi = \int_0^{l_1} \frac{\mu_0 I l_2}{2\pi(\xi+x)} \mathrm{d}x = \frac{\mu_0 I l_2}{2\pi} \ln \frac{\xi+l_1}{\xi}$$

线框中的感应电动势为

$$\varepsilon = -\frac{\mathrm{d}\Phi}{\mathrm{d}t} = \frac{\mu_0 I v l_1 l_2}{2\pi\xi(\xi+l_1)}$$

令 $\xi=d$，则
$$\varepsilon = \frac{\mu_0 I v l_1 l_2}{2\pi d(d+l_1)}$$

显然 $\varepsilon > 0$，即感应电动势的方向为顺时针方向。

例 5-4-7 未来可能会利用超导线圈中持续大电流建立的磁场来储存能量。要储存 1 kW·h 的能量，利用 1 T 的磁场，需要多大体积的磁场？若利用线圈中 500 A 的电流储存上述能量，则该线圈的自感系数应该多大？

解析：根据磁感应强度与磁场能量间的关系，可得
$$V = \frac{W_m}{B^2/2\mu_0} = \frac{3.6\times 10^6}{1/(2\times 4\pi\times 10^{-7})} \approx 9 \text{ m}^3$$

所以自感系数为
$$L = \frac{2W_m}{I^2} = \frac{2\times 3.6\times 10^6}{500^2} \approx 29 \text{ H}$$

例 5-4-8 如图 5-78 所示，一圆形线圈 C_1 由 50 匝表面绝缘的细导线绕成，圆面积为 $S=4$ cm^2。将此线圈放在另一个半径为 $R=20$ cm 的圆形大线圈 C_2 的中心，两者同轴。大线圈由 100 匝表面绝缘的导线绕成。

① 求这两线圈的互感 M；

② 当大线圈 C_2 中的电流以 50 A·s^{-1} 的变化率减小时，求小线圈 C_1 中的感应电动势 ε。

解析：

① 设 C_2 通有电流 I_2，电流 I_2 产生的磁场穿过 C_1 一匝线圈的磁通量为 Φ_{12}，则通过 C_1 的磁通链数为
$$\psi_{12} = N_1\Phi_{12}$$

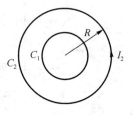

图 5-78 例题 5-4 图

而 C_1 面积 S 很小，在 S 范围内磁感应强度 $\boldsymbol{B}$ 可视作均匀，故有
$$\Phi_{12} = \boldsymbol{B}_{12}\cdot\boldsymbol{S} = \frac{N_2\mu_0 I_2}{2R}S$$

将其代入上式，从而得到
$$\psi_{12} = N_1\Phi_{12} = \frac{N_1 N_2 \mu_0 I_2}{2R}S$$

所以，互感
$$M = \frac{\Psi_{12}}{I_2} = \frac{50\times 100\times 4\pi\times 10^{-7}}{2\times 0.2}\times 4\times 10^{-4} = 6.28\times 10^{-6} \text{ H}$$

② 小线圈 C_1 中的感应电动势

$$\varepsilon = -M\frac{\mathrm{d}I_2}{\mathrm{d}t} = -6.28 \times 10^{-6} \times (-50) = 3.14 \times 10^{-4} \text{ V}$$

例 5-4-9 一球形电容器,其内导体半径为 R_1,外导体半径为 R_2,两极板之间充有相对电常数为 ε_r 的介质。现在电容器上加电压,内球与外球的电压为 $V = V_0 \sin \omega t$,假设 ω 不太大,以致电容器电场分布与静电场情形近似相等,试求介质中的位移电流密度以及通过半径为 $r(R_1 < r < R_2)$ 的球面的位移电流。

解析:设电容器极板上带有电荷 $q(t)$,根据位移电流密度公式可知,

$$j_D = \frac{\partial \boldsymbol{D}}{\partial t}$$

由于球形电容器具有球形对称,用电场高斯定理求出球形极板间的电位移矢量为

$$\boldsymbol{D} = \frac{q(t)}{4\pi r^2}\boldsymbol{r}_0 \quad (\boldsymbol{r}_0 \text{ 为径向单位向量})$$

球形电容器极板间的电势差为

$$V = \frac{q}{4\pi\varepsilon_0\varepsilon_r}\left(\frac{1}{R_1} - \frac{1}{R_2}\right) = \frac{q(t)(R_2 - R_1)}{4\pi\varepsilon_0\varepsilon_r R_1 R_2}$$

与上式联立,消去 q,得

$$\boldsymbol{D} = \frac{\varepsilon_0\varepsilon_r R_1 R_2 V}{r^2(R_2 - R_1)}\boldsymbol{r}_0 = \frac{\varepsilon_0\varepsilon_r R_1 R_2 V_0}{r^2(R_2 - R_1)}\sin \omega t \boldsymbol{r}_0$$

所以,位移电流密度为

$$j_D = \frac{\partial \boldsymbol{D}}{\partial t} = \frac{\varepsilon_0\varepsilon_r R_1 R_2 V_0}{r^2(R_2 - R_1)}\omega\cos \omega t \boldsymbol{r}_0$$

在电容器中,做半径为 r 的球面 $r(R_1 < r < R_2)$,通过它的位移电流为

$$I_D = \int j_D \cdot \mathrm{d}\boldsymbol{S} = 4\pi r^2 j_D = \frac{4\pi\varepsilon_0\varepsilon_r R_1 R_2 V_0}{R_2 - R_1}\omega\cos \omega t$$

I_D 的流向沿径向,且随时间变化。

例 5-4-10 一广播电台的平均辐射功率为 10 kW。假定辐射的能流均匀分布在以电台为中心的半球面上。

① 求距离电台为 $r = 10$ km 处,坡印亭矢量的平均值;

② 设在上述距离处的电磁波可视为平面波,求该处电场强度和磁场强度的振幅。

解析:

① 根据题意,坡印亭矢量的平均值

$$\overline{S} = \frac{\overline{P}}{2\pi r^2} = \frac{10 \times 10^3}{2\pi \times 10^2 \times 10^6} = 1.59 \times 10^{-5} \text{ W} \cdot \text{m}^{-2}$$

② 根据题意,有

$$\bar{S} = \frac{1}{2} E_0 H_0$$

又

$$\sqrt{\mu_0} H_0 = \sqrt{\varepsilon_0} E_0$$

将两式联立,解得

$$E_0 = 0.11 \text{ V} \cdot \text{m}^{-1}, H_0 = 2.91 \times 10^{-4} \text{ A} \cdot \text{m}^{-1}$$

习 题 选 编

1. 选择题

(1) 关于感应电动势的大小,下列说法中正确的是(　　)。

A. 磁通量越大,则感应电动势越大

B. 磁通量是减小的,则感应电动势一定是减小的

C. 磁通量是增加的,而感应电动势有可能是不变的

D. 磁通量改变得越快,则感应电动势越小

(2) 将一磁铁插入闭合线圈,第一次插入所用时间为 Δt_1,第二次插入所用时间为 Δt_2,$\Delta t_2 = 3\Delta t_1$,则(　　)。

A. 两次产生的感应电动势之比为 $3:1$

B. 两次产生的感应电动势之比为 $1:3$

C. 两次产生的感应电动势之比为 $1:1$

D. 无法确定

(3) 如图 5-79 所示,一半径为 R 的导体圆形回路,在均匀分布的外磁场 $B = B_0 \cos \omega t$ 中转动,回路转动中始终保持回路平面法线 $\boldsymbol{n}$ 与 $\boldsymbol{B}$ 方向的夹角为 $60°$,则回路中的感应电动势为(　　)。

A. $\dfrac{\pi R^2 B_0 \sin \omega t}{2}$ B. $\dfrac{\pi R^2 B_0 \omega \sin \omega t}{2}$

C. $\dfrac{\sqrt{3} \pi R^2 B_0 \sin \omega t}{2}$ D. $\dfrac{\sqrt{3} \pi R^2 B_0 \omega \sin \omega t}{2}$

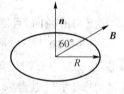

图 5-79　习题 1(3)图

(4) 一导体圆线圈在均匀磁场中运动,能使其中产生感应电流的一种情况是(　　)。

A. 线圈绕自身直径轴转动,轴与磁场方向平行

B. 线圈绕自身直径轴转动,轴与磁场方向垂直
C. 线圈平面垂直于磁场并沿垂直磁场方向平移
D. 线圈平面平行于磁场并沿垂直磁场方向平移

(5) 如图 5-80 所示,有两根通有大小相等、方向相反电流的平行长直导线,其中电流 I 以 $\dfrac{dI}{dt}$ 的变化率增长,一圆形线圈位于导线平面内,则( )。

  A. 线圈中无感应电流　　　　　B. 线圈中感应电流为顺时针方向
  C. 线圈中感应电流为逆时针方向　D. 线圈中感应电流的方向不确定

(6) 如图 5-81 所示,一三角形金属线圈匀速从无场空间进入一均匀磁场中,然后又从磁场中穿出,若不计线圈中的自感,能正确表示线框中的电流 i 随时间 t 变化的是(取顺时针为电流正向)( )。

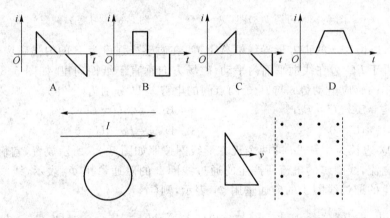

图 5-80　习题 1(5)图　　　图 5-81　习题 1(6)图

(7) 如图 5-82 所示,圆铜盘水平放置在均匀磁场中,B 的方向垂直盘面向下。当铜盘绕通过中心垂直于盘面的轴,沿逆时针方向转动时,则( )。

  A. 铜盘上有感应电流产生,沿着铜盘转动的相反方向流动
  B. 铜盘上有感应电流产生,沿着铜盘转动的方向流动
  C. 铜盘上有感应电动势产生,铜盘边缘处电势最高
  D. 铜盘上有感应电动势产生,铜盘中心处电势最高

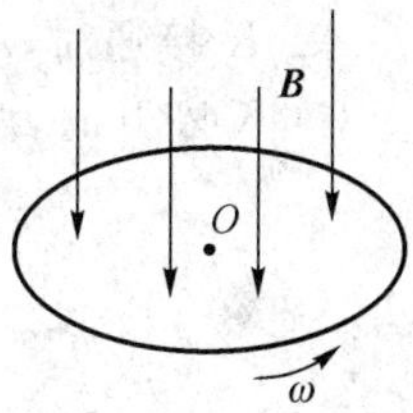

图 5-82　习题 1(7)图

(8) 电流为 L 的无限长直线电流与金属杆 CD 共面,CD 杆的长度为 b,近导线一端 C 距无限长直线电流为 a,相对位置如图 5-83 所示。今

CD 杆以速度 v 向上运动,则 CD 杆中的动生电动势为(　　)。

A. $\varepsilon = -\dfrac{\mu_0 Iv}{2\pi}\ln\dfrac{a+b}{a}$,方向为 D→C　　B. $\varepsilon = -\dfrac{\mu_0 Iv}{2\pi}\ln\dfrac{a+b}{a}$,方向为 C→D

C. $\varepsilon = -\dfrac{\sqrt{3}\mu_0 Iv}{2\pi}\ln\dfrac{a+b}{a}$,方向为 C→D　　D. $\varepsilon = -\dfrac{\sqrt{3}\mu_0 Iv}{2\pi}\ln\dfrac{a+b}{a}$,方向为 D→C

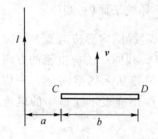

图 5-83　习题 1(8)图

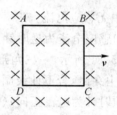

图 5-84　习题 1(9)图

(9) 边长为 a 的正方形导线框 ABCD,在磁感应强度为 B 的匀强磁场中,以速度 v 垂直于 BC 边在线框平面内平动,磁场方向垂直于纸面向里,如图 5-84 所示,则线框中的感应电动势 ε 与 B、C 两点间的电势差 U 分别为(　　)。

A. $\varepsilon = Bav, U = Bav$　　B. $\varepsilon = 0, U = Bav$

C. $\varepsilon = 0, U = 0$　　D. $\varepsilon = Bav, U = 0$

(10) 边长为 a 和 $2a$ 的两个正方形线圈按照如图 5-85 所示放置,它们都通有相同的电流,线圈 1 的电流所产生的通过线圈 2 的磁通量用 Φ_{21} 表示,线圈 2 的电流所产生的通过线圈 1 的磁通量用 Φ_{12} 表示,则(　　)。

A. $\Phi_{21} = 4\Phi_{12}$　　B. $\Phi_{21} = \dfrac{1}{4}\Phi_{12}$　　C. $\Phi_{21} = \Phi_{12}$　　D. $\Phi_{21} > \Phi_{12}$

(11) 如图 5-86 所示的电路中 A、B 是两个完全相同的小灯泡,其内阻 $r \gg R$,L 是一个自感系数相当大的线圈,其电阻与 R 相等。下列说法正确的是(　　)。

A. K 接通时,A 先亮,B 后亮　　B. K 接通时,$I_A = I_B$

C. K 断开时,两灯同时熄灭　　D. K 断开时,$I_A = I_B$

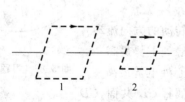

图 5-85　习题 1(10)图

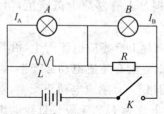

图 5-86　习题 1(11)图

(12) 如图 5-87 所示,一根长为 1 m 的细直棒 OA,绕垂直于棒且过其一端 O 的轴以每秒 2 转的角速度旋转,棒的旋转平面垂直于 0.5 T 的均匀磁场,则在棒的中点,等效非静电性场强的大小和方向为( )。

A. 314 V/m,方向由 O 指向 A
B. 6.28 V/m,方向由 O 指向 A
C. 3.14 V/m,方向由 A 指向 O
D. 628 V/m,方向由 A 指向 O

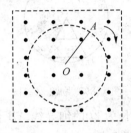

图 5-87 习题 1(12)图

(13) 两长直密绕螺线管的长度及线圈匝数相同,半径及磁介质不同,设其半径 $r_1 : r_2 = 2 : 3$,磁导率 $\mu_1 : \mu_2 = 1 : 2$,则其自感系数 $L_1 : L_2$ 和通以相同电流时所储存的磁能 $W_{m1} : W_{m2}$ 分别为( )。

A. 1:1,1:1
B. 9:2,2:9
C. 9:2,9:2
D. 2:9,2:9

(14) 一平行板电容器的电容为 C,两极板间的电势差 U 随时间变化,其间的位移电流为( )。

A. $C\dfrac{dU}{dt}$ B. $\dfrac{dD}{dt}$ C. CU D. $\dfrac{dU}{Cdt}$

2. 填空题

(1) 如图 5-88 所示,有一无限长螺线管,单位长度上线圈的匝数为 n,在管中心放置一绕了 N 圈、边长为 a 的等边三角形线圈,其轴线与螺线管的轴线平行,设螺线管内通有的电流为 $I = 50\cos 20\pi t$,则线圈中感应电动势的最大值为_____。

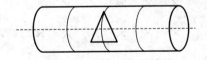

图 5-88 习题 2(1)图

(2) 如图 5-89 所示,有一均匀磁场局限在半径为 R 的圆柱形空腔中,其中磁

感应强度 B 以 $\dfrac{\mathrm{d}B}{\mathrm{d}t}$ 的变化率增长,腔内置一等腰梯形金属线框 $ABCD$,且 $DC=R$, $AD=BC=\dfrac{R}{2}$,则线框中的感应电动势大小为_____,方向沿_____。

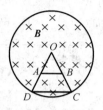

图 5-89　习题 2(2)图

(3) 如图 5-90 所示,将一长为 $2l$ 的细导线 AB 从其中点 C 开始弯折,角度为 $60°$,将其置于一均匀磁场中,磁感应强度 B 垂直于纸面向里,当导线绕着 A 点以匀角速 ω 在纸面内逆时针转动时,导线 AB 的电动势为_____,方向为_____。

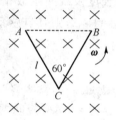

图 5-90　习题 2(3)图

(4) 如图 5-91 所示,金属杆 AOC 以恒定速度 v 在均匀磁场 B 中垂直于磁场方向运动,若 $AO=OC=L$,则杆中的动生电动势大小为_____,方向为_____。

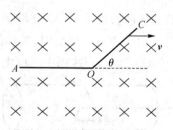

图 5-91　习题 2(4)图

(5) 一段直导线在垂直于均匀磁场的平面内运动。若导线绕其一端以角速度 ω 转动时的电动势与导线以垂直于导线方向的速度 v 做平动时的电动势相同,那么导线的长度为_____。

（6）如图 5-92 所示，导线 ab 的电阻为 R_1，长为 l，导轨的电阻为 R_2，ab 以速度 v 垂直于磁感应强度为 B 的匀强磁场向右运动，在导线 ab 中，产生的感应电动势的大小是_____，电路中感应电流的大小是_____。

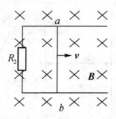

图 5-92　习题 2(6)图

（7）为了提高变压器的效率，一般变压器选用叠片铁芯，这样可以减少_____损耗。

（8）有两个线圈，自感系数分别为 L_1 和 L_2。已知 $L_1=3$ mH、$L_2=5$ mH，串联成一个线圈后，得自感系数为 $L=11$ mH，则两线圈的互感系数 $M=$_____。

（9）实验室中一般可获得的强磁场约为 2 T，强电场约为 1×10^6 V/m，则相应的磁场能量密度 $w_m=$_____，电场能量密度 $w_e=$_____，由此可知_____场更有利于储存能量。

3. 计算题

（1）如图 5-93 所示，一等边三角形的金属框 ABC，边长为 l，放在均匀磁场 B 中，且 AB 边平行于 B，如图所示，当金属框绕 AB 边以角速度 ω 转动时，试求：

① 金属框三边的电动势；

② 三角形回路的总电动势。

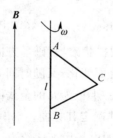

图 5-93　习题 3(1)图

(2) 如图 5-94 所示,长直载流导线上通有电流 I,有一长为 L 的导体棒 OA 与载流导线共面。今棒以角速度 ω 绕端点 O 转动,长直载流导线至点 O 的距离为 a。试求:

① 导体棒转至与导线平行的位置时,棒中的动生电动势;

② 若转至与导线垂直的位置时,棒中的动生电动势。

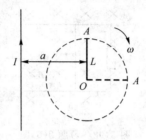

图 5-94 习题 3(2)图

(3) 一铜棒 AB 长为 L,置于匀强磁场 B 中,磁场方向垂直纸面向外,如图 5-95 所示。今铜棒绕距 A 点为 $\dfrac{L}{5}$ 处的 O 点在纸面内以匀角速度 ω 逆时针转动。

① 分别求出铜棒 OA 及 OB 上的感应电动势;

② 求 AB 两端的电势差;

③ 比较 A、O、B 三点电势的高低。

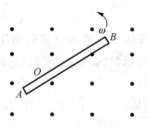

图 5-95 习题 3(3)图

(4) 如图 5-96 所示,一长圆柱状磁场,磁场方向沿轴线并垂直图面向里,磁场大小既随到轴线的距离 r 成正比而变化,又随时间 t 作正弦变化,即 $B = B_0 r \sin \omega t$,B_0、ω 均为常数。若在磁场内放一半径为 a 的金属圆环,环心在圆柱状磁场的轴线上,求金属环中的感生电动势,并确定其方向。

(5) 真空中,一平面电磁波的电场由下式给出:
$$E_x = 0$$

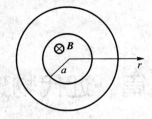

图 5-96 习题 3(4)图

$$E_y = 60 \times 10^{-2} \cos\left[2\pi \times 10^8 \left(t - \frac{x}{c}\right)\right] \text{ V} \cdot \text{m}^{-1}$$

$$E_z = 0$$

试求：

① 波长和频率；

② 传播方向；

③ 磁场的大小和方向。

第6篇　近代物理学

第1章　狭义相对论基础

教　学　要　点

1. 教学要求

（1）了解爱因斯坦狭义相对论的两个基本假设。
（2）了解洛伦兹坐标变换。
（3）了解狭义相对论中,同时性的相对性以及长度收缩和时间膨胀概念。
（4）了解牛顿力学中的时空观和狭义相对论中的时空观,以及二者的差异。
（5）理解狭义相对论中质量和速度的关系、质量和能量的关系。

2. 教学重点

狭义相对论中同时性的相对性以及长度收缩和时间膨胀概念。

3. 教学难点

洛伦兹坐标变换。

内　容　概　要

1. 牛顿绝对时空观

伽利略坐标变换：$x'=x-ut, y'=y, z'=z, t'=t$。

伽利略速度变换：$v'_x=v_x-u, v'_y=v_y, v'_z=v_z$。

2. 狭义相对论的基本假设

爱因斯坦相对性原理：物理规律对所有惯性系都是一样的。

光速不变原理:在任何惯性系中,光在真空中的速率都相等。

3. 相对论时空观

(1) 同时的相对性:在一个静止的参考系中,同时且同地发生的两件事,在相对于该参考系做匀速运动的参考系中观察,也是同时发生的;而在一个静止的参考系中同时但不同地发生的两件事,在另一个相对于该参考系做匀速运动的参考系中观察,则不是同时发生的。

(2) 时间膨胀(或时钟延缓):固有时间 Δt 和观测时间 $\Delta t'$ 的关系为

$$\Delta t' = \frac{\Delta t}{\sqrt{1-\left(\frac{u}{c}\right)^2}}$$

(3) 长度收缩:固有长度 l 和观测长度 l' 的关系为

$$l' = l\sqrt{1-\left(\frac{u}{c}\right)^2}$$

4. 洛伦兹变换

(1) 坐标变换式

$$x' = \frac{x-ut}{\sqrt{1-\frac{u^2}{c^2}}}, y' = y, z' = z, t' = \frac{t-\frac{ux}{c^2}}{\sqrt{1-\frac{u^2}{c^2}}}$$

(2) 速度变换式

$$v'_x = \frac{v_x - u}{1-\frac{uv_x}{c^2}}, v'_y = \frac{v_y}{1-\frac{uv_x}{c^2}}\sqrt{1-\frac{u^2}{c^2}}, v'_z = \frac{v_z}{1-\frac{uv_x}{c^2}}\sqrt{1-\frac{u^2}{c^2}}$$

5. 相对论质量和动量

(1) 相对论质量 m 和静止质量 m_0 的关系为

$$m = \frac{m_0}{\sqrt{1-\left(\frac{u}{c}\right)^2}}$$

(2) 相对论动量的大小为

$$p = mv = \frac{m_0 v}{\sqrt{1-\left(\frac{u}{c}\right)^2}}$$

6. 相对论总能量

$$E = mc^2 = E_k + E_0$$

该式也称为质能关系式,其中,E_k 为相对论动能;E_0 为物体的静能,$E_0 = m_0 c^2$。

7. 相对论动量与能量的关系

$$E^2 = p^2 c^2 + E_0^2$$

例 题 赏 析

例 6-1-1 火车上的观察者测得的火车长度为 400 m,该火车以 300 km/h 的速度行驶,此时地面上的观察者发现两个闪电同时击中火车的前后两端。问火车上的观察者测得两闪电击中火车前后两端的时间间隔是多少。

解析:由已知条件可知

$$\Delta x' = 400 \text{ m}, u = 300 \text{ km/h} = 83.3 \text{ m/s}, \Delta t = 0$$

由洛伦兹变换公式

$$\Delta t = \frac{\Delta t' + \frac{u}{c^2}\Delta x'}{\sqrt{1-\left(\frac{u}{c}\right)^2}} = 0$$

即

$$\Delta t' + \frac{u}{c^2}\Delta x' = 0$$

代入数值可得

$$\Delta t' = -\frac{u}{c^2}\Delta x' = -\frac{83.3}{(3\times 10^8)^2}\times 400 = -3.7\times 10^{-13} \text{ s}$$

所以时间间隔是 3.7×10^{-13} s。

例 6-1-2 s 和 s' 以速度 u 相对匀速运动,两个观察者分别在 s 和 s' 系中,发生在相距 10 m 的两个事件,在 s 系中的观察者测得两个事件相隔 3 s,在 s' 系中的观察者测得两个事件相隔 5 s,求 s' 中的观察者测得两个事件相距多远。

解析:根据洛伦兹时空坐标变换公式

$$t'_2 = t'_1 = \frac{(t_2 - t_1) - (x_2 - x_1)\times \frac{u}{c^2}}{\sqrt{1-\left(\frac{u}{c}\right)^2}}$$

$$= \frac{(t_2 - t_1)}{\sqrt{1-\left(\frac{u}{c}\right)^2}}$$

即
$$5 = \frac{3}{\sqrt{1-\left(\frac{u}{c}\right)^2}}$$

解得 $u=0.8c$

由洛伦兹时空坐标变换公式

$$x'_2 - x'_1 = \frac{(x_2-x_1)-(t_2-t_1)\times u}{\sqrt{1-\left(\frac{u}{c}\right)^2}}$$

$$\approx \frac{10-3\times 0.8c}{\sqrt{1-\left(\frac{0.8c}{c}\right)^2}}$$

$$\approx -4c$$

$$= -1.2\times 10^9 \text{ m}$$

即在 s' 中的观察者测得两个事件相距 1.2×10^9 m。

例 6-1-3 假设观察者甲背着一质量为 1 kg 的背包,以 $0.8c$ 的速度相对于静止的观察者乙匀速运动,求:

① 观察者甲测得此物体的总能量为多大;

② 观察者乙测得此物体的总能量为多大。

解析:本题中观察者的速度很大,所以应该考虑相对论效应。

① 由于背包相对于观察者甲静止,则甲测得背包的总能量是

$$E = mc^2 = 1\times(3\times 10^8)^2 = 9\times 10^{16} \text{ J}$$

② 由于背包相对于观察者乙以 $0.8c$ 的速度运动,则乙测得背包的总能量是

$$E' = m'c^2 = \frac{m}{\sqrt{1-\left(\frac{u}{c}\right)^2}}c^2 = \frac{1}{\sqrt{1-\left(\frac{0.8c}{c}\right)^2}}\times(3\times 10^8)^2 = 1.5\times 10^{17} \text{ J}$$

例 6-1-4 某一宇宙射线中粒子的动能 $E_k = 7m_0c^2$,其中,m_0 是该粒子的静止质量,试求在实验中观察到它的寿命是它固有寿命的多少倍。

解析:由相对论的能量公式

$$E = E_k + E_0$$

即

$$mc^2 = 7m_0c^2 + m_0c^2 = 8m_0c^2$$

再由相对论的质量公式,得

$$m = \frac{m_0}{\sqrt{1-\left(\frac{u}{c}\right)^2}} = 8m_0$$

即

$$\frac{1}{\sqrt{1-\left(\frac{u}{c}\right)^2}}=8$$

所以

$$\tau=\frac{\tau_0}{\sqrt{1-\left(\frac{u}{c}\right)^2}}=8\tau_0$$

例 6-1-5 两个静止质量均为 m_0 的相同粒子，A 粒子原来静止，而 B 粒子则以速度 $u=\frac{\sqrt{3}}{2}c$ 撞向 A 粒子，假设碰撞完全是非弹性的，求：

① 碰撞后形成的复合粒子的质量；
② 碰撞后形成的复合粒子的动量；
③ 碰撞后形成的复合粒子的动能。

解析：由题意可知，两个粒子发生的是完全非弹性碰撞，由完全非弹性碰撞的特点：碰撞后两粒子合在一起运动；碰撞前后的动量守恒；碰撞前后的能量守恒。

本题中另一个已知条件是 B 粒子的速度很大，所以应该考虑相对论效应，设碰撞后复合粒子的质量为 M。

① 由能量守恒定律 $m_0c^2+\dfrac{m_0c^2}{\sqrt{1-\left(\dfrac{u}{c}\right)^2}}=Mc^2$

得

$$M=m_0+\frac{m_0}{\sqrt{1-\left(\frac{u}{c}\right)^2}}$$

$$=m_0\left[1+\frac{1}{\sqrt{1-\left(\frac{\sqrt{3}}{2}\right)^2}}\right]$$

$$=3m_0$$

即碰撞后形成的复合粒子的质量为 $3m_0$。

② 由动量守恒定律

$$0+\frac{m_0}{\sqrt{1-\left(\frac{u}{c}\right)^2}}u=Mv$$

得

$$Mv = \frac{m_0}{\sqrt{1-\left(\frac{\sqrt{3}}{2}\right)^2}} \times \frac{\sqrt{3}}{2}c = \sqrt{3}\,m_0 c$$

所以，碰撞后形成的复合粒子的动量为 $\sqrt{3}\,m_0 c$。

③ 由②知，复合粒子的速度为 $v = \dfrac{\sqrt{3}\,m_0 c}{M} = \dfrac{\sqrt{3}\,m_0 c}{3m_0} = \dfrac{\sqrt{3}\,c}{3}$。

根据相对论质量公式 $M = \dfrac{M_0}{\sqrt{1-\left(\dfrac{v}{c}\right)^2}}$，

得

$$M_0 = M\sqrt{1-\left(\frac{v}{c}\right)^2} = M\sqrt{1-\left(\frac{\sqrt{3}}{3}\right)^2} = 2.45 m_0$$

再由相对论动能公式，得

$$\begin{aligned}E_k &= Mc^2 - M_0 c^2 \\ &= 3m_0 c^2 - 2.45 m_0 c^2 \\ &= 0.55 m_0 c^2\end{aligned}$$

碰撞后形成的复合粒子的动能为 $0.55 m_0 c^2$。

例 6-1-6 一只宇宙飞船正以 $\dfrac{4}{5}c$ 的速度飞离地球，宇航员用飞船上的无线电发射装置向地球发射一无线电信号，60 s 后宇宙飞船的无线电接收装置收到经地球反射后的无线电波，求：

① 在地球反射信号的时刻，从飞船上测得地球离飞船多远；
② 当飞船接收到反射信号时，地球上测得的飞船离地球多远。

解析：

① 在飞船上测量飞船距离地球的距离时，由光速不变原理，无线电波到达地球的时间为 60 s 的一半 30 s，所以飞船距离地球的距离

$$l = c \times t = 3 \times 10^8 \times 30 = 9 \times 10^9 \text{ m}$$

② 在飞船上测量，在宇航员发信号时，他离地球的距离为

$$l' = c \times 30 - \frac{4}{5}c \times 30 = 6c$$

在地球上测量,在宇航员发信号时,他离地球的距离为

$$l = \frac{l'}{\sqrt{1-\left(\frac{u}{c}\right)^2}} = \frac{6c}{\sqrt{1-\left(\frac{\frac{4}{5}c}{c}\right)^2}} = 3 \times 10^9 \text{ m}$$

飞船上 $\Delta t' = 60$ s,在地球上测量这一短时间 Δt 为

$$\Delta t = \frac{\Delta t'}{\sqrt{1-\left(\frac{u}{c}\right)^2}} = \frac{60}{\sqrt{1-\left(\frac{4}{5}\right)^2}} = 100 \text{ s}$$

在这段时间内,飞船在原来离地球 $10c$ 的基础上继续向前飞了

$$l_1 = u \times \Delta t = \frac{4}{5}c \times 100 = 80c$$

所以,在地球上测量,在宇航员接收到反射信号时,飞船离地球的距离为

$$l + l_1 = 10c + 80c = 90c = 2.7 \times 10^{10} \text{ m}$$

习 题 选 编

1. 选择题

(1) 在狭义相对论中,下列说法正确的个数是(　　)。

① 一切运动物体相对于观察者的速度都不能大于真空中的光速;

② 质量、长度、时间的测量结果都随物体与观察者的相对运动状态而改变;

③ 在一惯性系中,发生于同一时刻、不同地点的两个事件在其他一切惯性系中也是同时发生的;

④ 惯性系中的观察者观察一个与他做匀速相对运动的时钟时,会看到这时钟比与他相对静止的时钟走得慢些。

  A. 1个   B. 2个   C. 3个   D. 4个

(2) 发生在某地的两个事件,与该时间同一参考系的观察者甲测得的时间间隔是 3 s,相对于甲做匀速运动的观察者乙测得的时间间隔是 5 s,则乙相对于甲的运动速度是(　　)。

  A. $\frac{1}{5}c$ B. $\frac{2}{5}c$ C. $\frac{3}{5}c$ D. $\frac{4}{5}c$

(3) 一宇航员要到离地球为 5 光年的星球去旅行。如果宇航员希望把这路程

缩短为 4 光年,则他所乘的火箭相对于地球的速度应是( )。

A. $\dfrac{1}{5}c$ B. $\dfrac{2}{5}c$ C. $\dfrac{3}{5}c$ D. $\dfrac{4}{5}c$

(4) 边长为 a 的正方形薄板静止于惯性系 s 的 xOy 平面内,且两边分别与 x、y 轴平行。今有惯性系 s' 以 $0.8c$ 的速度相对于 s 系沿 y 轴做匀速直线运动,则从 s' 系测得薄板的面积为( )。

A. $0.4a^2$ B. $0.6a^2$ C. $0.8a^2$ D. a^2

(5) 一把直尺静止放在惯性系 s 的 xOy 平面内,与 x 轴所成的夹角为 $60°$,另一有惯性系 s' 以速度 v 相对于 s 系沿 x 轴做匀速直线运动,则从 s' 系测得直尺与 x 轴所成的夹角为( )。

A. 小于 $30°$ B. $45°$ C. $60°$ D. 大于 $60°$

(6) 静止时体积为 64 cm^3 的立方体,当它沿一条棱边的方向相对地面以 $\dfrac{\sqrt{3}}{2}c$ 的速度匀速运动时,在地面上的观察者测得它的体积为( )。

A. 16 cm^3 B. 32 cm^3 C. 64 cm^3 D. 128 cm^3

(7) 以 $0.5c$ 高速运动的宇宙飞船向地面发出一光波,则地面上的观察者测得此光波的光速为( )。

A. $0.5c$ B. c C. $1.5c$ D. $2c$

(8) 一质量为 m_e 的电子以 $\dfrac{\sqrt{3}}{2}c$ 的速度高速运动,若考虑相对论效应,则电子的动能为( )。

A. $\dfrac{1}{4}m_e c^2$ B. $\dfrac{1}{2}m_e c^2$

C. $m_e c^2$ D. $2m_e c^2$

(9) 已知 $1 \text{ kW} \cdot \text{h} = 3.6 \times 10^6 \text{ J}$,若一新建的核电站一年的发电量为 $2 \times 10^{11} \text{ kW} \cdot \text{h}$,可供某城市居民一年的生活用电,若认为这些能量全部是核原料的静止能转化产生,则需要消耗的核原料的质量为( )。

A. 0.8 kg B. 1.2 kg
C. $0.8 \times 10^3 \text{ kg}$ D. $1.2 \times 10^3 \text{ kg}$

2. 填空题

(1) 以速度 $2v$ 相对地球做匀速直线运动的光子,其相对地球的速度大小为_____。

(2) 质量分布均匀的细棒静止时的质量为 m_0、长度为 l_0,当细棒沿长度方向做高速的匀速直线运动时,测得它的长度为 l,则此时细棒的动能 $E_k =$ _____。

(3) 长度为 1 m 的直尺沿长度方向相对观察者以速度 v 做高速的匀速直线运动时,若观察者测得该米尺的长度为 0.5 m,则米尺运动的速度 $v =$ _____。

(4) 设有两个静止质量均为 m_0 的粒子,以大小相等的速度 v_0 相向运动,碰撞后合成一个粒子,则此复合粒子的静止质量 $m_0' =$ _____。

(5) 已知电子的静止能量为 0.5 MeV,若考虑相对论效应,以速度 u 运动的电子的动能为 0.5 MeV,其运动的速度 $u =$ _____。

(6) 观察者甲以 $\frac{4}{5}c$ 相对于静止的观察者乙运动,若观察者甲随身携带一质量为 m、长度为 l、横截面积为 S 的细棒,且细棒沿观察者甲的运动方向放置,则:①甲测得此细棒的密度为_____;②乙测得此细棒的密度为_____。

(7) 设某微观粒子以速度 u 做高速运动,它的总能量是它的静止能量的 n 倍,则该粒子的运动速度 $u =$ _____。

(8) 质量为 9.11×10^{-31} kg 的电子以 $0.99c$ 的速率运动,那么:①电子的总能量 $E =$ _____ J;②电子的经典力学的动能与相对论动能之比_____。

(9) 电子的质量为 m_e,现将电子从静止加速到速率为 $0.6c$,必须对电子所做的功为_____。

(10) 电子的质量为 9.11×10^{-31} kg,现将电子的速度从 $v_1 = 1.2 \times 10^8$ m/s 增加到 $v_2 = 2.4 \times 10^8$ m/s,必须对电子所做的功为_____。

3. 计算题

(1) 在 s 系中观察到两个事件同时发生在 x 轴上,其间距是 1 m,在 s' 系中观察到这两个事件之间的距离是 2 m,求在 s' 系中观察这两个事件的时间相隔。

(2) 一观察者站在地面上,一米尺以 $u = 0.6c$ 的速率沿尺的方向运动,求:

① 地面上观察者测得米尺的长度;

② 米尺通过地面上观察者所需要的时间。

(3) 两个惯性系 s 和 s' 以速度 u 相对 x 轴运动,两坐标原点 O 和 O' 重合时开始计时,若在 s 系中测得两事件的时刻坐标分别为 $x_1 = 6 \times 10^4$ m,$t_1 = 2 \times 10^{-4}$ s;$x_2 = 1.2 \times 10^5$ m,$t_2 = 1 \times 10^{-4}$ s,而在 s' 系中测得该两事件同时发生。求:

① s' 系相对 s 系的速度 u;

② s' 系中测得这两个事件的空间间隔。

(4) 一宇宙飞船以 $u=0.8c$ 的速率匀速飞向一恒星,在地球上测得地球与该恒星相距 5.1×10^{16} m,试求:飞船中旅客觉察到旅程缩短为多少。

(5) 把一个质量为 m_0 的电子从静止加速到 $0.6c$,需要做多少功?如果再将该电子从 $0.6c$ 加速到 $0.8c$,又需对该电子做多少功?

(6) 一宇宙飞船以 $u=0.8c$ 的速率匀速行驶,飞船上沿飞船运动方向放置一细棒,飞船上的观察者测得细棒的质量为 1 kg、长度为 1 m,求:地面上观察者测得此细棒的质量、长度、动量、能量。

第 2 章 量子物理

教 学 要 点

1. 教学要求

(1) 了解热辐射现象,熟悉绝对黑体和绝对黑体的单色辐射本领等的概念。

(2) 了解基尔霍夫定律、斯特藩-玻尔兹曼定律、维恩位移定律、维恩公式、瑞利-金斯公式、普朗克公式。

(3) 理解普朗克量子假设的重要意义。

(4) 理解光电效应和康普顿效应的实验规律,并能用爱因斯坦的光量子理论解释。

(5) 掌握氢原子的模型和发光图像。

(6) 明确实物粒子具有波粒二象性,并能用德布罗意关系式计算实物粒子的波长。

(7) 理解测不准关系的物理意义。

(8) 熟悉波函数的意义和波函数的标准化条件,了解薛定谔方程。

2. 教学重点

(1) 基尔霍夫定律、斯特藩-玻尔兹曼定律、维恩位移定律、维恩公式、瑞利-金斯公式、普朗克公式。

(2) 氢原子的模型和发光图像。

(3) 德布罗意关系式。

3. 教学难点

氢原子的模型和发光图像。

第 6 篇 近代物理学

内 容 概 要

1. 黑体辐射

(1) 斯特藩-玻尔兹曼定律：
$$M_B(T) = \sigma T^4 \quad [\sigma = 5.67 \times 10^{-8} \text{ W}/(\text{m}^2 \cdot \text{K}^4) \text{ 称为斯特藩常量}]$$

(2) 维恩位移定律：
$$T\lambda_m = b \quad (b = 2.898 \times 10^{-3} \text{ m} \cdot \text{K})$$

(3) 普朗克公式：
$$M_{B_\nu}(T) = \frac{2\pi h \nu^3}{c^2 (e^{\frac{h\nu}{kT}} - 1)} \sigma T^4$$

2. 光的粒子性

(1) 每个光子的能量 $E = h\nu$。

(2) 每个光子的动量 $p = \dfrac{E}{c} = \dfrac{h}{\lambda}$。

3. 光电效应

解决光电效应问题一般只需列以下几个方程：

$$\begin{cases} h\nu = A + \dfrac{1}{2}m\upsilon^2 \\ A = h\nu_0 \\ \dfrac{1}{2}m\upsilon^2 = eU_a \\ \upsilon = \dfrac{c}{\lambda} \end{cases}$$

4. 粒子的波动性

德布罗意波长 $\lambda = \dfrac{h}{p} = \dfrac{h}{m\upsilon}$。

5. 不确定关系 ($\hbar = \dfrac{h}{2\pi}$，称为普朗克常量)

(1) 粒子的位置和动量的不确定关系为 $\Delta x \Delta p_x \geqslant \dfrac{\hbar}{2}$。

(2) 能量和时间的不确定关系为 $\Delta E \Delta t \geqslant \dfrac{\hbar}{2}$。

6. 里兹合并原理

$$\tilde{\nu} = R_H \left(\frac{1}{m^2} - \frac{1}{n^2} \right) = T(m) - T(n)$$

7. 波尔理论

(1) 氢原子半径 $r_n = n^2 r_1$。

(2) 氢原子的能量 $E_n = \dfrac{E_1}{n^2}$。

8. 薛定谔方程

定态薛定谔方程 $-\dfrac{\hbar^2}{2m}\dfrac{\partial^2 \psi}{\partial x^2} + U\psi = E\Psi$，其中，$\Psi$ 为定态波函数。

例 题 赏 析

例 6-2-1 宇宙空间中的均匀热辐射相当于温度为 3 K 的黑体辐射，求：
① 此辐射的单色辐出度达极大值的波长；
② 地球表面接收此辐射的功率是多大。

解析：

① 由维恩位移定律

$$\lambda_m T = b$$

得

$$\lambda_m = \frac{b}{T} = \frac{2.897 \times 10^{-3}}{3} = 9.66 \times 10^{-4} \text{ m}$$

② 由斯特藩-玻尔兹曼定律

$$M_B(T) = \sigma T^4$$

得

$$P = M_B(T) \cdot 4\pi R^2$$
$$= 5.67 \times 10^{-8} \times (3)^4 \times 4\pi \times (6.37 \times 10^6)^2$$
$$= 2.34 \times 10^9 \text{ W}$$

例 6-2-2 从某金属表面移出一个电子需要 4.2 eV 的能量，今有波长为 2×10^{-7} m 的光投射到该金属表面，试问：

① 由此发射出来的光电子的最大动能是多少；
② 遏止电势差为多大；
③ 该金属的截止波长有多大。

解析：

① 已知逸出功
$$A = 4.2 \text{ eV}$$

根据光电效应公式
$$hv = \frac{1}{2}mv_m^2 + A$$

则光电子的最大动能
$$E_{k\max} = \frac{1}{2}mv_m^2 = hv - A = \frac{hc}{\lambda} - A$$

代入数据，得
$$\begin{aligned}
E_{k\max} &= \frac{hc}{\lambda} - A \\
&= \frac{6.63 \times 10^{-34} \times 3 \times 10^8}{2\,000 \times 10^{-10}} - 4.2 \times 1.6 \times 10^{-19} \\
&= 3.23 \times 10^{-19} \text{ J} \\
&= 2.0 \text{ eV}
\end{aligned}$$

② 由
$$eU_a = E_{k\max} = \frac{1}{2}mv_m^2$$

得遏止电势差为
$$U_a = \frac{3.23 \times 10^{-19}}{1.6 \times 10^{-19}} = 2.0 \text{ V}$$

③ 因为
$$hv_0 = A$$

又
$$v_0 = \frac{c}{\lambda_0}$$

所以，该金属的截止波长为
$$\begin{aligned}
\lambda_0 &= \frac{hc}{A} \\
&= \frac{6.63 \times 10^{-34} \times 3 \times 10^8}{4.2 \times 1.6 \times 10^{-19}} \\
&= 2.96 \times 10^{-7} \text{ m} \\
&= 0.296 \text{ } \mu\text{m}
\end{aligned}$$

例 6-2-3 已知 X 光光子的能量为 0.60 MeV，在康普顿散射之后波长变化了

20%,求反冲电子的能量。

解析:已知 X 射线的初能量

$$\varepsilon_0 = 0.6 \text{ MeV}$$

又有

$$\varepsilon_0 = \frac{hc}{\lambda_0}$$

所以

$$\lambda_0 = \frac{hc}{\varepsilon_0}$$

经散射后

$$\lambda = \lambda_0 + \Delta\lambda = \lambda_0 + 0.2\lambda_0 = 1.2\lambda_0$$

此时能量为

$$\varepsilon = \frac{hc}{\lambda} = \frac{hc}{1.2\lambda_0} = \frac{1}{1.2}\varepsilon_0$$

反冲电子能量

$$E = \varepsilon_0 - \varepsilon = \left(1 - \frac{1}{1.2}\right) \times 0.6 = 0.1 \text{ MeV}$$

例 6-2-4 波长 $\lambda_0 = 0.07$ nm 的 X 射线在石腊上受到康普顿散射,求在 $\frac{\pi}{2}$ 和 π 方向上所散射的 X 射线波长各是多大。

解析:在 $\varphi = \frac{\pi}{2}$ 方向上,由康普顿散射可得

$$\Delta\lambda = \lambda - \lambda_0 = \frac{2h}{m_0 c}\sin^2\frac{\varphi}{2}$$

代入数据,得

$$\Delta\lambda = \frac{2h}{m_0 c}\sin^2\frac{\varphi}{2}$$
$$= \frac{2 \times 6.63 \times 10^{-34}}{9.11 \times 10^{-31} \times 3 \times 10^8}\sin\frac{\pi}{4}$$
$$= 2.43 \times 10^{-12}$$
$$= 0.00243 \text{ nm}$$

在 $\varphi = \frac{\pi}{2}$ 方向上散射波长

$$\lambda = \lambda_0 + \Delta\lambda$$
$$= 0.07 + 0.00243$$
$$= 0.0724 \text{ nm}$$

在 $\varphi=\pi$ 方向上,由康普顿散射可得

$$\Delta\lambda = \lambda - \lambda_0 = \frac{2h}{m_0 c}\sin^2\frac{\varphi}{2} = \frac{2h}{m_0 c}$$

代入数据,得

$$\Delta\lambda = \frac{2h}{m_0 c} = 4.86\times 10^{-12} = 0.00486 \text{ nm}$$

在 $\varphi=\pi$ 方向上散射波长

$$\lambda = \lambda_0 + \Delta\lambda = 0.07 + 0.00486 = 0.0749 \text{ nm}$$

例 6-2-5 以动能 12.5 eV 的电子通过碰撞使氢原子激发时,最高能激发到哪一能级?当回到基态时能产生哪些谱线?

解析:设氢原子全部吸收 12.5 eV 能量后,最高能激发到第 n 个能级,则

$$E_n - E_1 = -13.6\times\left[\frac{1}{n^2} - \frac{1}{1^2}\right]$$

解得

$$n = 3.5$$

因为 n 只能取整数,所以最高激发到 $n=3$,当然也能激发到 $n=2$ 的能级,于是

n 从 3→1

$$\tilde{v}_1 = R\left[\frac{1}{1^2} - \frac{1}{3^2}\right] = \frac{8}{9}R$$

$$\lambda_1 = \frac{9}{8R} = \frac{9}{8\times 1.097\times 10^7} = 1.026\times 10^{-7} \text{ m} = 102.6 \text{ nm}$$

n 从 2→1

$$\tilde{v} = R\left[\frac{1}{1^2} - \frac{1}{2^2}\right] = \frac{3}{4}R$$

$$\lambda_2 = \frac{4}{3R} = 121.6 \text{ nm}$$

n 从 3→2

$$\tilde{v} = R\left[\frac{1}{2^2} - \frac{1}{3^2}\right] = \frac{5}{36}R$$

$$\lambda_3 = \frac{36}{5R} = 656.3 \text{ nm}$$

例 6-2-6 常温下的中子称为热中子,已知热中子的质量 $m_n = 1.67\times 10^{-27}$ kg,当热中子的动能等于温度 300 K 的热平衡中子气体的平均动能时,其德布罗意波长为多少?

解析:已知 $m_n = 1.67\times 10^{-27}$ kg,$h = 6.63\times 10^{-34}$ J·S,$k = 1.38\times 10^{-23}$ J·K^{-1},热中子的平均动能

$$\bar{\varepsilon}_k = \frac{3}{2}kT$$

$$= \frac{3}{2} \times 1.38 \times 10^{-23} \times 300$$
$$= 6.21 \times 10^{-21} \text{ J}$$

热中子动量大小的平均值为

$$\overline{P} = \sqrt{2m_n \bar{\varepsilon}_k}$$
$$= \sqrt{2 \times 1.67 \times 10^{-27} \times 6.21 \times 10^{-21}}$$
$$= 4.55 \times 10^{-24} \text{ kg} \cdot \text{m} \cdot \text{s}^{-1}$$

热中子的德布罗意波长

$$\lambda = \frac{h}{\overline{P}} = \frac{6.63 \times 10^{-34}}{4.55 \times 10^{-24}} = 1.46 \times 10^{-10} \text{ m}$$

例 6-2-7 一粒子沿 x 轴运动时,速率的不确定量为 $\Delta v = 0.01$ m/s,由不确定关系求解以下各粒子的坐标不确定量 Δx:

① 电子;
② 质量为 10^{-13} kg 的布朗粒子;
③ 质量为 10^{-4} kg 的小弹丸。

解析:在 x 轴方向上,粒子坐标和动量的不确定关系为

$$\Delta x \Delta P_x \geqslant \frac{\hbar}{2}$$

粒子沿 x 轴的动量为 $P = mv$,动量的不确定度为 $\Delta P = m\Delta v$,代入上式,可得坐标的不确定度为

$$\Delta x \geqslant \frac{\hbar}{2\Delta P_x} = \frac{\hbar}{2m\Delta v}$$

其中

$$\hbar = 1.05 \times 10^{-34} \text{ J} \cdot \text{s}$$

① 电子的质量

$$m = 9.11 \times 10^{-31} \text{ kg}$$

代入公式可得

$$\Delta x \geqslant \frac{\hbar}{2\Delta P_x} = \frac{\hbar}{2m\Delta v} = \frac{1.05 \times 10^{-34}}{2 \times 9.11 \times 10^{-31} \times 1 \times 10^{-2}} = 5.8 \times 10^{-3} \text{ m}$$

② 质量为 10^{-13} kg 的布朗粒子

$$\Delta x \geqslant \frac{\hbar}{2\Delta P_x} = \frac{\hbar}{2m\Delta v} = \frac{1.05 \times 10^{-34}}{2 \times 10^{-13} \times 1 \times 10^{-2}} = 5.3 \times 10^{-20} \text{ m}$$

③ 质量为 10^{-4} kg 的小弹丸

$$\Delta x \geqslant \frac{\hbar}{2\Delta P_x} = \frac{\hbar}{2m\Delta v} = \frac{1.05 \times 10^{-34}}{2 \times 10^{-4} \times 1 \times 10^{-2}} = 5.3 \times 10^{-29} \text{ m}$$

例 6-2-8 粒子在一维无限深势阱中运动,其波函数为

$$\psi_n(x) = \sqrt{\frac{2}{a}} \sin\left(\frac{n\pi x}{a}\right) \quad (0 < x < a)$$

若粒子处于 $n=1$ 的状态,在 $0 \sim \frac{1}{4}a$ 区间发现粒子的概率是多少?

解析: 因为,$dw = |\psi|^2 dx = \frac{2}{a} \sin^2 \frac{\pi x}{a} dx$

所以,在 $0 \sim \frac{a}{4}$ 区间发现粒子的概率为

$$p = \int_0^{\frac{a}{4}} dw = \int_0^{\frac{a}{4}} \frac{2}{a} \sin^2 \frac{\pi x}{a} dx = \int_0^{\frac{a}{4}} \frac{2a}{a\pi} \sin^2 \frac{\pi x}{a} d\left(\frac{\pi}{a}x\right)$$

$$= \frac{2}{\pi} \int_0^{\frac{a}{4}} \frac{1}{2} [1 - \cos 2\frac{\pi x}{a}] d\left(\frac{\pi}{a}x\right) = 0.091$$

习 题 选 编

1. 选择题

(1) 关于热辐射,下列叙述正确的是( )。
A. 低温物体只能吸收辐射　　　　B. 只有高温物体才能热辐射
C. 任何物体都有热辐射　　　　　D. 物体只有吸收辐射时才向外辐射

(2) 当绝对黑体的温度为从 127℃ 上升到 527℃ 时,该黑体的辐射出射度将变为原来的( )。
A. 2 倍　　　　B. 4 倍　　　　C. 8 倍　　　　D. 16 倍

(3) 光电效应中光电子的初动能与入射光的关系是( )。
A. 与入射光的频率成线性关系　　B. 与入射光的强度成线性关系
C. 与入射光的频率成正比　　　　D. 与入射光的强度成正比

(4) 用频率为 ν_1 的单色光照射某金属表面产生光电效应,产生的光电子的初动能为 E_{k1};若用频率为 ν_2 的单色光照射另一金属表面也产生光电效应,产生的光电子的初动能为 E_{k2},若 $E_{k2} > E_{k1}$,则下列叙述正确的是( )。
A. $\nu_2 < \nu_1$　　B. $\nu_2 = \nu_1$　　C. $\nu_2 > \nu_1$　　D. 无法确定

(5) 用波长为 200 nm 的紫外线照射某金属表面时,产生光电子的最大能量为

1 eV；若波长为 150 nm 的紫外线照射时，光电子的最大能量约为(　　)。

A. 2.1 eV　　　　B. 2.5 eV　　　　C. 4.32 eV　　　　D. 5.32 eV

(6) 氢原子处第四激发态，根据玻尔理论，当此氢原子向低能级跃迁时，可能产生的不同波长的谱线的条纹是(　　)。

A. 10 条　　　　B. 6 条　　　　C. 4 条　　　　D. 3 条

(7) 已知氢原子基态能量为 -13.6 eV，根据玻尔理论，把氢原子从基态激发到第二激发态所需要的能量为(　　)。

A. 3.4 eV　　　　B. 6.8 eV　　　　C. 10.2 eV　　　　D. 12.09 eV

(8) 在康普顿散射中，当散射光子频率减小最多时，散射光子与入射光子的方向的夹角为(　　)。

A. $\dfrac{\pi}{6}$　　　　B. $\dfrac{\pi}{3}$　　　　C. $\dfrac{\pi}{2}$　　　　D. π

(9) 已知一光谱线的波长是 λ，该谱线在真空中的传播速度为 c，普朗克常量为 h，则关于此光子描述正确的是(　　)。

A. 动量为 $\dfrac{h}{\lambda}$　　B. 动能为 $\dfrac{h\lambda}{c}$　　C. 能量为 $\dfrac{h\lambda}{c}$　　D. 频率为 $\dfrac{\lambda}{c}$

(10) 一个光子和一个电子具有相同的波长，则(　　)。

A. 光子具有较大的动量　　　　B. 它们具有相同的动量

C. 电子具有较大的动量　　　　D. 无法确定它们的动量

2. 填空题

(1) 若把白炽灯的灯丝看成黑体，现有一个功率为 200 W 的灯泡，灯丝的直径为 0.4 mm、长度为 3 cm，则点亮时灯丝的温度 $T=$ _____ 。

(2) 实验测得在炼钢炉炉壁的小孔上的热辐射功率为 50 W·cm^{-2}，则壁炉的温度为 _____ ，炉膛热辐射本领的极大值对应的波长为 _____ 。

(3) 以波长为 410 nm 的紫光照射到某金属表面，产生光电子的最大初动能为 1 eV，则能使该金属产生光电效应的最长的波长为 _____ 。

(4) 在氢原子被激发后发出的巴耳末谱线系中，仅观察到三条谱线，则这两条谱线的波长分别为 _____ 、_____ 和 _____ 。

(5) 波长为 0.03 nm 的 X 射线经固体散射，在与入射光方向成 74°角的方向上，观察到的康普顿效应产生的波长 $\lambda=$ _____ 。

(6) 能量为 15 eV 的光子，被处于基态的氢原子吸收，使氢原子电离发射一个光子，则此光电子的德布罗意波长 $\lambda=$ _____ 。

(7) 按照德布罗意波的理论，质量 $m=3$ g，以速度 $v=1$ cm/s 运动的小球的

德布罗意波长 $\lambda=$ _____。

(8) 一粒子的质量为 m,所带电量为 e,经一电压为 U 的电源加速后,则其德布罗意波长 $\lambda=$ _____。

(9) 对于动能是 $1\,000$ eV 的电子,要确定其某一时刻的位置和动量,如果位置限制在 10^{-10} m 范围内,则其动量不确定量的百分比为 $\dfrac{\Delta P}{P}$ _____。

(10) 在激发态能级上的钠原子,发射出波长为 589 nm 的光子的时间平均为 1×10^{-8} s。根据不确定关系,光子能量测不准量的大小 $\Delta E=$ _____,发射波长的不确定范围是 _____。

3. 计算题

(1) 用辐射高温计测得炉壁小孔的辐射出射度为 20 W·cm^{-2},求:
① 炉内温度;
② 单色辐射出射度的极大值对应的波长。

(2) 用波长为 600 nm 的单色光照射金属铯,已知金属铯的逸出功为 1.94 eV,求逸出的光电子的最大速度。

(3) 在康普顿散射实验中,分别用波长为 500 nm 的单色光和波长为 0.06 nm 的 X 光进行实验,求在 $\varphi=\dfrac{\pi}{2}$ 的方向上观察到的这两种散射光波长的相对改变量 $\dfrac{\Delta\lambda}{\lambda}$。

(4) 处于基态的氢原子被一单色激光激发后形成的光谱线中,在 $400\sim 760$ nm 区间内仅有三条谱线,求:
① 单色激光的频率;
② 这三条谱线的波长;
③ 被激发的氢原子可能发出的所有光谱线。

(5) 质量为 $m_n=1.67\times 10^{-27}$ kg 的中子被冷冻后温度为 3 K,波尔兹曼常量 $k=1.38\times 10^{-23}$ J·K^{-1},求:
① 中子的平均动能 ε_k;
② 德布罗意波长的大小。

(6) 一波长为 300 nm 的光子,假定其波长的测量精度为 $\dfrac{\Delta\lambda}{\lambda}=10^{-6}$,求该光子位置的不确定量。

(7) 宽度为 a 的一维无限深势阱中,粒子的波函数为 $\psi(x)=A\sin\dfrac{n\pi}{a}x$,求:
① 归一化系数 A;
② 在 $n=2$ 时,何处发现粒子的概率最大。

习 题 答 案

第1篇 力 学

第1章 质点运动学

1. 选择题

(1) C (2) B (3) C (4) B (5) B (6) D (7) A
(8) B (9) A

2. 填空题

(1) $a = -32\omega^2 \cos 2\omega t\, i + 40\omega^2 \sin 2\omega t\, j$

(2) $\dfrac{s}{\Delta t}, \dfrac{-2v_0}{\Delta t}$

(3) $g, \dfrac{v^2}{g}$

(4) $6.4 \text{ m/s}^2, 4 \text{ rad/s}^2$

(5) $20\pi, 5\pi \text{ m/s}, 2\pi \text{ m/s}^2$

(6) 28 m/s

(7) $r = (2t+3)i - (4t^2+7)j$

(8) $1 \text{ rad/s}, 6 \text{ m/s}^2$

(9) $-0.05 \text{ rad/s}^2, 250 \text{ rad}$

3. 计算题

(1) ① $y = 2 - \dfrac{x^2}{4}$，轨迹为一抛物线；② $r_1 = (2i+j)$ m；

③ $v_1 = (2i-2j)$ m/s, $a = -2j$ m/s^2

(2) ① $x^2+y^2=R^2$;

② $v=-2R\omega t\sin(\omega t^2)i+2R\omega t\cos(\omega t^2)j$;

③ $a_t=\dfrac{dv}{dt}=2R\omega, a_n=\dfrac{v^2}{R}=4R\omega^2 t^2$

(3) ① $\omega=12\pi$ rad/s, $\beta=\pi$ rad/s^2; ② $a_t=\dfrac{\pi}{2}$ m/s^2, $a_n=72\pi^2$ m/s^2

(4) $v=(4i+6j)$ m/s, $r=(4i+4j)$ m

(5) $\dfrac{x^2}{4}+\dfrac{(y-3)^2}{9}=1$

第 2 章 运动定律与守恒定律

1. 选择题

(1) B (2) C (3) B (4) D (5) C (6) C (7) A
(8) A (9) B (10) C

2. 填空题

(1) $(42i+83j)$ m/s

(2) 1 J

(3) 6.5 N, $10\sqrt{3}$ m/s^2

(4) 576 J

(5) 2 kg

(6) $\arctan\left[\dfrac{F}{(m_1+m_2)g}\right]$

(7) 16 J

3. 计算题

(1) $s=\dfrac{\sqrt{\mu^2 m^2 g^2+v^2 km}-\mu mg}{k}$

(2) $v=\{2g[l(1-\cos\theta)-(l-x)(1-\cos\beta)]\}^{\frac{1}{2}}$

(3) 0.35 m

(4) 23.04 J

(5) ① $a=\dfrac{\mu}{1+\mu}l$; ② $v=\sqrt{\dfrac{gl}{1+\mu}}$

第 3 章 刚体力学

1. 选择题

(1) B　　(2) C　　(3) C　　(4) C　　(5) A　　(6) B　　(7) D

(8) B　　(9) D

2. 填空题

(1) $\dfrac{1}{2}$，角动量守恒

(2) <

(3) 6.28 rad/s², 250

(4) $\dfrac{2l}{rt^2}$

(5) 9.4

(6) 5 rad/s², 2.5 rad/s²

(7) $\dfrac{3v_0}{2l}$

(8) $\dfrac{(Ml^2+24mr^2)\omega}{Ml^2+6ml^2}$

3. 计算题

(1) ① $\omega = \dfrac{\frac{3}{4}mv}{\frac{9}{16}ml+\frac{1}{3}Ml}$；② $\cos\theta = \dfrac{2Mg+3mg-2\left(\frac{1}{3}Ml+\frac{9}{16}ml\right)\omega^2}{3mg+2Mg}$

(2) ① $\dfrac{M}{M+2m}\omega$；② $\dfrac{MR^2\omega}{MR^2+2mr^2}$

(3) $\omega = 10$ rad/s, $\theta = 15$ rad

(4) 0.36 kg·m²

(5) ① $a = \dfrac{2(m_A-\mu m_B)g}{2m_A+2m_B+M}$；

② $T_A = \dfrac{2(1+\mu)m_B+M}{2m_A+2m_B+M}m_A g$, $T_B = \dfrac{2(1+\mu)m_A+\mu M}{2m_A+2m_B+M}m_B g$

习题答案

第2篇 振动与波动

第1章 机械振动

1. 选择题

(1) B (2) D (3) A (4) B (5) B (6) B (7) C

(8) D (9) D (10) B

2. 填空题

(1) $1:2, 2:1, 4:1, 2:1$

(2) $2\text{ cm}, \pi\text{ rad/s}, \dfrac{3}{2}\pi, x=2\cos\left(\pi t+\dfrac{3}{2}\pi\right)\text{ cm}$

(3) $0.4\text{ s}, 0.102\text{ m}$

(4) ① $x=1.5\cos\left(\pi t-\dfrac{\pi}{2}\right)\text{ m}$;

　　② $x=1.5\cos\left(\pi t+\dfrac{\pi}{4}\right)\text{ m}$

(5) $1:1$

(6) $x=8\cos\left(\dfrac{\pi}{2}t+\dfrac{5\pi}{4}\right)\text{ cm}$

(7) 1.5 s

3. 计算题

(1) ① $A=0.02\text{ m}, \omega=8\pi\text{ rad/s}, \upsilon=4\text{ Hz}, T=\dfrac{1}{4}\text{ s}, \varphi=\dfrac{\pi}{4}, \dfrac{65\pi}{4}$; ② 略

(2) ① $-2.12\text{ m}, -3.33\text{ m/s}, 5.23\text{ m/s}^2$; ② $3\text{ m}, 4.71\text{ m/s}, 7.40\text{ m/s}^2$

(3) ① $x=0.04\cos\left(4\pi t-\dfrac{2}{3}\pi\right)\text{ m}$; ② $\dfrac{1}{12}\text{ s}$

(4) ① -6.73 cm;

　　② 0.664 N,沿 x 轴正向;

　　③ $\dfrac{16}{3}\text{ s}$;

　　④ $0.18\text{ m/s}, 0.001\,9\text{ J}, 0.000\,6\text{ J}, 0.002\,5\text{ J}$

(5) $T=1.26\text{ s}, x=1.14\times 10^{-2}\cos\left(5t+\dfrac{5\pi}{4}\right)\text{ m}$

第 2 章 机械波

1. 选择题

(1) C   (2) C   (3) C   (4) A   (5) C   (6) A   (7) D
(8) B   (9) D   (10) D   (11) D   (12) B   (13) A

2. 填空题

(1) 6 m, 2π rad/s, 1 s, $\frac{2}{3}$ m/s, 1 Hz, $\frac{2}{3}$ m, 落后 6π, -5π

(2) 0.16 m, $\frac{2\pi}{3}$ rad/s, $\frac{1}{3}$ Hz, 2 m/s, 6 m, $\frac{\pi}{2}$, $\frac{2\pi}{3}t+\frac{\pi}{2}$, x, 正

(3) $\frac{2\pi b}{\varphi_0}$, $\frac{2\pi b}{T\varphi_0}$

(4) $y=3.5\cos\left(\frac{4\pi}{3}t+\frac{4\pi}{3}\right)$, $y=3.5\cos\left(\frac{4\pi}{3}t-\frac{4\pi}{3}\right)$, $\frac{8\pi}{3}$

(5) $\frac{19\pi}{2}$, $\frac{21\pi}{2}$, 10π, 相位

(6) 超前 $\frac{6\pi}{5}$

(7) 0.18 m, 0.9 m/s, $y=0.16\cos\left[10\pi\left(t+\frac{x}{0.9}\right)+\frac{3}{4}\pi\right]$ m

(8) $y=0.32\cos\left[4\pi t+\frac{2\pi}{3}\right]$, $y=0.32\cos\left[2\pi\left(2t+\frac{x}{2}\right)+\frac{2\pi}{3}\right]$ m

(9) 6×10^{-5} J/m³, 1.2×10^{-4} J/m³, 9.24×10^{-7} J

(10) 10^5

(11) 高, 低

3. 计算题

(1) ① $\Delta\varphi=2.3\pi$; ② $\varphi=-\frac{\pi}{3}$, $y=0.28\cos\left[\pi\left(t-\frac{x}{2}\right)-\frac{\pi}{3}\right]$

(2) ① $A=0.06$ m, $\lambda=0.08$ m, $v=500$ Hz;
② $y=0.06\cos\left[1\,000\pi\left(t-\frac{x}{40}\right)+\frac{\pi}{2}\right]$

(3) ① $\lambda=0.16$ m, $u=0.64$ m/s; ② $y=0.2\cos\left[8\pi\left(t-\frac{x}{0.64}\right)-\frac{\pi}{2}\right]$ m

(4) $y=0.1\cos\left(7\pi t-\frac{\pi x}{0.12}-\frac{17\pi}{3}\right)$ m

(5) ① $\lambda = 0.4$ m, $T = 5$ s, $v = 0.2$ Hz;

② a 点沿 y 轴负向运动,b 点沿 y 轴正向运动;

③ $y = 0.04\cos\left(0.4\pi t - 5\pi x + \dfrac{\pi}{2}\right)$ m;

④ $y_P = -0.04\cos(0.4\pi t)$ m,图略;

⑤ $y = -0.04\cos(5\pi x)$ m,图略

(6) ① 0.25 cm,120 cm/s;② 3 cm;③ 0

第3篇 波动光学

第1章 光的干涉

1. 选择题

(1) C (2) B (3) D (4) B (5) C (6) B (7) A

(8) C (9) C (10) B

2. 填空题

(1) 分波阵面法,杨氏双缝;分振幅法,劈尖干涉,牛顿环

(2) 143 nm

(3) 2×10^{-7} m,1×10^{-7} m

(4) $8I_0$

(5) 6×10^{-3} m

(6) $\dfrac{2\pi(n_1 - n_2)d}{\lambda}$

(7) $\dfrac{5}{2}\lambda$

(8) 5×10^{-7} m

(9) 500 nm

(10) 6×10^{-4} m

3. 计算题

(1) 0.25 mm,0.06 mm

(2) $\dfrac{19}{4}\lambda \dfrac{\theta - \theta'}{\theta\theta'} = 8.7 \times 10^{-3}$ m

(3) 8.23×10^{-5} m

· 205 ·

(4) 0.87 m

(5) $n=1.56$

第 2 章　光的衍射

1. 选择题

(1) D　　(2) B　　(3) B　　(4) D　　(5) B

2. 填空题

(1) 3 个

(2) 450 nm

(3) 越大,越大

(4) 0.5 m

(5) 一,三

3. 计算题

(1) ① 5×10^{-3} m；② 7.5×10^{-3} m

(2) 46.4 m

(3) 9.8×10^3 m

(4) ① $k=2$；② 1.2×10^{-5} m

(5) ① 第 3 级；② 0.18 m

第 3 章　光的偏振

1. 选择题

(1) C　　(2) A　　(3) B　　(4) B　　(5) D

2. 填空题

(1) 高,低

(2) 自然光,线偏振光,部分偏振光

(3) $\dfrac{1}{2}I_0$

(4) $\dfrac{\pi}{2}-\arctan\dfrac{n_2}{n_1}$

(5) $\sqrt{3}$

3. 计算题

(1) ① 36.9°；② 53.1°

(2) 40.4°；49.6°

(3) $\dfrac{1}{8}I_0$

(4) $\dfrac{1}{8}I_0 \sin^2 2\alpha$

(5) $I = 0.79 I_0$，损失了 79%

第4篇 热 学

第1章 气体动理论

1. 选择题
(1) B (2) B (3) B (4) C (5) B (6) A (7) C
(8) D (9) A

2. 填空题

(1) 25 cm^{-3}

(2) 516.8 m/s

(3) 6.21×10^{-21} J；4.14×10^{-21} J；1.04×10^{-20} J

(4) $\int_{v_0}^{\infty} Nf(v)\mathrm{d}v$；$\int_{v_0}^{\infty} vf(v)\mathrm{d}v / \int_{v_0}^{\infty} f(v)\mathrm{d}v$；$\int_{v_0}^{\infty} vf(v)\mathrm{d}v$

(5) 降低

(6) 1 950

(7) $\dfrac{5}{2}pV$

(8) 5.42×10^7；6×10^{-5}

3. 计算题

(1) ① 2.4×10^{25} m^{-3}；

② 1.28 kg·m^{-3}；

③ 5.3×10^{-26} kg；

④ 3.47×10^{-9} m

(2) 1.04 kg/m^3

(3) ① 6×10^{-21} J, 4×10^{-21} J, 1×10^{-20} J;

② 1.83×10^3 J;

③ 1.39 J

(4) 0.27

(5) 80 m, 0.13 s

(6) 7.37×10^5 s

(7) ① $p' = 2.57 \times 10^6$ Pa;

② $p = 2.43 \times 10^6$ Pa, $p_{理想} = 2.49 \times 10^6$ Pa, $p < p_{理想} < p'$

第 2 章 热力学基础

1. 选择题

(1) C　(2) B　(3) B　(4) A　(5) C　(6) D　(7) B

(8) A

2. 填空题

(1) $S_1 + S_2$, $-S_1$

(2) 等压；等容；等温

(3) 1.5 g

(4) 吸；放；放

(5) 不可能存在，可逆，不可逆

(6) 功变热，热传导

(7) 146

3. 计算题

(1) $\Delta E = \dfrac{3}{2}(p_2 V_2 - p_1 V_1)$; $W = \dfrac{1}{2}(V_2 - V_1)(p_2 + p_1)$; $Q = 2(p_2 V_2 - p_1 V_1) + \dfrac{1}{2}(p_1 V_2 - p_2 V_1)$

(2) ① 250 J;

② 吸热，292 J

(3) ① $Q = 2.08 \times 10^3$ J, $Q = 2.08 \times 10^3$ J, $W = 0$;

② $Q = 2.91 \times 10^3$ J, $Q = 2.08 \times 10^3$ J, $W = 0.83 \times 10^3$ J

(4) ① 最大压强为 5.28 atm，最高温度为 429 K;

② 热量为 7.41×10^3 J，对外做的功为 9.3×10^2 J，内能的变化为 6.48×10^3 J;

③ 图略

(5) $4.48Q_1$

(6) 1.25×10^4 J

(7) -1.76×10^3 J/K

(8) ① $S = k\ln W = k\ln\left[\sqrt{\dfrac{2}{N\pi}} e^{-2\left(n-\frac{N}{2}\right)^{\frac{2}{N}}}\right]$;

② $\dfrac{1}{2}$ kN;

③ 4.14 J/K

第5篇　电磁学

第1章　静电场

1. 选择题

(1) B　(2) B　(3) C　(4) D　(5) B　(6) D　(7) C
(8) D　(9) C　(10) A　(11) A　(12) C　(13) D　(14) D

2. 填空题

(1) ① $-150\pi R^2$; ② $150\pi R^2$; ③ 0; ④ 0

(2) $\pi R^2 E, 0$

(3) 0

(4) $-\dfrac{2E_0\varepsilon_0}{3}, \dfrac{4E_0\varepsilon_0}{3}$

(5) $\dfrac{\sigma}{\varepsilon_0}$,水平向左; $\dfrac{2\sigma}{\varepsilon_0}$,水平向右; $\dfrac{\sigma}{\varepsilon_0}$,水平向右

(6) $-\dfrac{q_0 q}{8\pi\varepsilon_0 l}$

(7) $\dfrac{Qq}{4\pi\varepsilon_0}\left(\dfrac{1}{R} - \dfrac{1}{r}\right)$

(8) Q, P,大于

(9) $\dfrac{-q}{8\pi\varepsilon_0 l}$

(10) 1.27 N/C,沿 x 轴正向,0

(11) $\dfrac{Qr}{4\pi\varepsilon_0 (r^2+R^2)^{3/2}}, 0, \dfrac{Q}{4\pi\varepsilon_0 R}$

(12) 变小

(13) $\dfrac{Q}{4\pi\varepsilon_0 R^2}, 0; \dfrac{Q}{4\pi\varepsilon_0 R}, \dfrac{Q}{4\pi\varepsilon_0 r_2}$

3. 计算题

(1) ① $E=\dfrac{Q}{4\pi\varepsilon_0 a (a^2+L^2)^{1/2}}$，竖直向上，$V=\dfrac{Q}{4\pi\varepsilon_0 L}\ln\dfrac{\sqrt{a^2+L^2}+L}{a}$；

② $E=-\dfrac{Q}{8\pi\varepsilon_0 L}\left(\dfrac{1}{b}-\dfrac{1}{2L+b}\right)$，水平向右，$V=\dfrac{Q}{8\pi\varepsilon_0 L}\ln\dfrac{2L+b}{b}$；

③ $E=-\dfrac{Q}{8\pi\varepsilon_0 L}\left(\dfrac{1}{d-L}-\dfrac{1}{d+L}\right)$，水平向右，$V=\dfrac{Q}{8\pi\varepsilon_0 L}\ln\dfrac{d+L}{d-L}$

(2) $E=-\dfrac{\lambda_0 l}{4\pi\varepsilon_0}$，方向水平向左；$V=\dfrac{\lambda_0}{8\pi\varepsilon_0}[(b+l)^2-b^2]$

(3) $\boldsymbol{E}=E_x\boldsymbol{i}+E_y\boldsymbol{j}=\dfrac{Q}{4\pi\varepsilon_0 L}\left(\dfrac{1}{(L^2+d^2)^{1/2}}-\dfrac{1}{d}\right)\boldsymbol{i}+\dfrac{Q}{4\pi\varepsilon_0 d (d^2+L^2)^{1/2}}\boldsymbol{j}$；

$V=\dfrac{Q}{4\pi\varepsilon_0 L}\ln\dfrac{L+\sqrt{L^2+d^2}}{d}$

(4) ① $\dfrac{q\sin\frac{\theta_0}{2}}{2\pi\varepsilon_0 R^2 \theta_0}$，方向沿 x 轴正向；② $\dfrac{q}{4\pi\varepsilon_0 R}$

(5) 4.16×10^{-3} C/m

(6) ① $Q_1=1.11\times 10^{-9}$ C，-4.43×10^{-10} C；② 2.5 cm

(7) ① $\dfrac{2q+Q}{8\pi\varepsilon_0 R}$；② $Q=-2q$

(8) ① $V_p=2.23\times 10^{-3}$ V；② $V_p=1.58\times 10^{-3}$ V；③ $V_p=0$

第 2 章 导体与电介质

1. 选择题
(1) C　(2) A　(3) D　(4) C　(5) A　(6) C　(7) B
(8) B　(9) D　(10) D

2. 填空题
(1) $\dfrac{R_1 R_2}{R_1 R_2+R_3(R_2-R_1)}Q$

(2) 1.593×10^{-7} C

(3) 小于

(4) 2×10^6 V, 2 J

(5) $\dfrac{\varepsilon_0 SU^2}{d}$, $\dfrac{\varepsilon_0 SU^2}{2d}$

(6) $\dfrac{Q^2 d}{2S}\left(\dfrac{1}{\varepsilon}-\dfrac{1}{\varepsilon_0}\right)$, $-\dfrac{Q^2 d}{2S}\left(\dfrac{1}{\varepsilon}-\dfrac{1}{\varepsilon_0}\right)$

(7) $\dfrac{Q^2}{8\pi\varepsilon_0 R}$

3. 计算题

(1) ① 当 $r\leqslant R_1$ 时, $E_1=\dfrac{q}{4\pi\varepsilon_0 r^2}$, 当 $R_1<r<R_2$ 时, $E_2=0$, 当 $r\geqslant R_2$ 时, $E_3=\dfrac{q}{4\pi\varepsilon_0 r^2}$; ② $V=\dfrac{q}{4\pi\varepsilon_0}\left(\dfrac{1}{R_2}+\dfrac{1}{r}-\dfrac{1}{R_1}\right)$

(2) Ⅰ: $E_1=0, V_1=\dfrac{Q}{4\pi\varepsilon_0}\left(\dfrac{1}{R_1}+\dfrac{1}{R_2}\right)$; Ⅱ: $E_2=\dfrac{Q}{4\pi\varepsilon_0 r^2}, V_2=\dfrac{Q}{4\pi\varepsilon_0}\left(\dfrac{1}{r}+\dfrac{1}{R_2}\right)$; Ⅲ: $E_3=\dfrac{Q}{2\pi\varepsilon_0 r^2}, V_3=\dfrac{Q}{2\pi\varepsilon_0 r}$

(3) ① 1.49×10^4 V; ② 1.86×10^4 V

(4) ① $r<R_0$ 时, $E=0, D=0$;

$R_0<r<R_1$ 时, $D=\dfrac{Q}{4\pi r^2}, E=\dfrac{Q}{4\pi\varepsilon_0 r^2}$;

$R_1<r<R_2$ 时, $D=\dfrac{Q}{4\pi r^2}, E=\dfrac{Q}{4\pi\varepsilon_0\varepsilon_r r^2}$;

$r>R_2$ 时, $D=\dfrac{Q}{4\pi r^2}, E=\dfrac{Q}{4\pi\varepsilon_0 r^2}$,

电场强度和电位移矢量方向均沿径矢方向;

② $P=\dfrac{\varepsilon_r-1}{\varepsilon_r}\dfrac{Q}{4\pi r^2}$, 电极化强度方向沿径矢方向; $\sigma'_{R_2}=\dfrac{\varepsilon_r-1}{\varepsilon_r}\dfrac{Q}{4\pi R_2^2}$, $\sigma'_{R_1}=-\dfrac{\varepsilon_r-1}{\varepsilon_r}\dfrac{Q}{4\pi R_1^2}$

第 3 章　稳恒磁场

1. 选择题

(1) C　　(2) D　　(3) D　　(4) A　　(5) B　　(6) D　　(7) B

(8) C   (9) B   (10) A   (11) A   (12) A   (13) C   (14) C

2. 填空题

(1) 象限 Ⅱ、Ⅳ

(2) $\dfrac{2\sqrt{2}\mu_0 I}{\pi a}$, 垂直纸面向里

(3) $B = \dfrac{\mu_0 I}{4R}\sqrt{1+\left(\dfrac{1}{\pi}\right)^2}$

(4) 0

(5) $-\dfrac{\sqrt{3}}{2}\pi R^2 B$

(6) $\mu_0 I$; 0; $2\mu_0 I$

(7) $\mu_0 i$, 沿轴向右(提示:将圆筒看作是长直螺线管)

(8) $\dfrac{\sqrt{3}}{2}BIR$

(9) $2BIR$, 垂直纸面向里; $\dfrac{\pi R^2 I}{2}$, 垂直纸面向里; $\dfrac{\pi R^2 IB}{2}$, 垂直向下

3. 计算题

(1) $B = \dfrac{\mu_0 \sigma \omega R}{4\pi}$, 方向为垂直纸面向外

(2) $\dfrac{\mu_0 I}{4\pi a}\ln\dfrac{a+b}{b}$, 方向垂直于纸面向里

(3) $\dfrac{\mu_0 I}{12R}+\dfrac{\sqrt{3}\mu_0 I}{6\pi R}$, 方向为垂直纸面向里

(4) $\dfrac{\mu_0 I}{4\pi R}+\dfrac{3\mu_0 I}{8R}$, 方向为垂直纸面向里

(5) $B = \begin{cases} 0, & (r<R) \\ \dfrac{\mu_0 I}{2\pi r}, & (r>R) \end{cases}$, 磁感应线的绕行方向为逆时针

(6) $\dfrac{\mu_0 NI}{2(R_2-R_1)}\ln\dfrac{R_2}{R_1}$, 方向垂直纸面向里

(7) $F_{AB} = \dfrac{\mu_0 I_1 I_2}{2\pi}\ln\dfrac{a+b}{a}$, 方向垂直于 AB 向下;

$F_{BC} = \dfrac{\mu_0 I_1 I_2}{2\pi(a+b)}b$, 方向垂直于 BC 向右;

$$F_{AC} = \frac{\sqrt{2}\mu_0 I_1 I_2}{2\pi} \ln\frac{a+b}{a}, 方向垂直于 AC 斜向上$$

(8) $F = F_x = \mu_0 I_1 I_2 \left(1 - \dfrac{a}{\sqrt{a^2 - R^2}}\right)$, 方向水平向左

(9) ① 7.85×10^{-2} N·m, 方向向上; ② 7.85×10^{-2} J

(10) $H = nI$, 方向从左向右; $B = \mu nI$, 方向从左向右;

$$M = \chi_m H = (\mu_r - 1)H = \frac{\mu - \mu_0}{\mu_0} nI,$$

若是顺磁质, $\chi_m > 0$, **M** 与 **H** 同向; 若是抗磁质, $\chi_m < 0$, **M** 与 **H** 反向

第 4 章 电磁场和电磁波

1. 选择题

(1) C　(2) A　(3) B　(4) B　(5) C　(6) C　(7) D
(8) A　(9) B　(10) C　(11) A　(12) C　(13) D　(14) A

2. 填空题

(1) $250\sqrt{3}\pi\mu_0 Nna^2$

(2) $\dfrac{3\sqrt{3}}{16}R^2 \dfrac{dB}{dt}$, 逆时针方向

(3) $\dfrac{1}{2}B\omega l^2$, 由 B 到 A

(4) $vBL\sin\theta$, 由 O 指向 C

(5) $\dfrac{2v}{\omega}$

(6) BlV, $\dfrac{BlV}{R_1 + R_2}$

(7) 涡流

(8) 1.5 mH

(9) 1.6×10^6 J/m³, 4.425 J/m³, 磁

3. 计算题

(1) ① $\varepsilon_{AB} = 0$; $\varepsilon_{BC} = \dfrac{3}{8}\omega Bl^2$, 方向由 B 到 C;

$\varepsilon_{CA} = -\dfrac{3}{8}\omega Bl^2$, 方向由 C 到 A; ② $\varepsilon = 0$

(2) ① $\dfrac{\mu_0 I\omega L^2}{4\pi a}$,方向为由 O 指向 A;

② $\dfrac{\mu_0 I\omega}{2\pi}\left(L-a\ln\dfrac{a+L}{a}\right)$,方向为由 O 指向 A

(3) ① $\varepsilon_{OA}=\dfrac{1}{50}\omega BL^2$,方向为由 O 到 A;$\varepsilon_{OB}=\dfrac{8}{25}\omega BL^2$,方向为由 O 到 B;

② $U_{AB}=-\dfrac{3}{10}\omega BL^2$;(3)$V_B>V_A>V_O$

(4) $\varepsilon=-\dfrac{2\pi}{3}B_0 a^3\omega\cos\omega t$,方向沿顺时针方向

(5) ① $\lambda=3$ m,$\upsilon=10^8$ Hz;② 平面电磁波沿 x 轴正向传播;

③ $B_z=2\times 10^{-9}\cos\left[2\pi\times 10^8\left(t-\dfrac{x}{c}\right)\right]$T

第6篇 近代物理学

第1章 狭义相对论基础

1. 选择题

(1) C (2) D (3) C (4) B (5) D (6) B (7) B

(8) C (9) A

2. 填空题

(1) c

(2) $m_0 c^2\left(\dfrac{l_0}{l}-1\right)$

(3) $\dfrac{\sqrt{3}}{2}c$

(4) $\dfrac{2m_0}{\sqrt{1-\dfrac{{v_0}^2}{c^2}}}$

(5) $\dfrac{\sqrt{3}}{2}c$

(6) ① $\dfrac{m}{lS}$;② $\dfrac{25m}{9lS}$

(7) $\dfrac{c}{n}\sqrt{n^2-1}$

(8) ① 5.8×10^{-13} J;② 8.04×10^{-2}

(9) $\dfrac{1}{4}m_e c^2$

(10) 4.765×10^{-14} J

3. 计算题

(1) 5.77×10^{-9} s

(2) ① 0.8 m;

② 4.44×10^{-9} s

(3) ① -1.5×10^8 m/s;

② $3\sqrt{3}\times10^4$ m

(4) 3.06×10^{16} m

(5) $\dfrac{1}{4}m_0 c^2,\dfrac{5}{12}m_0 c^2$

(6) $\dfrac{5}{3}$ kg,$\dfrac{3}{5}$ m,4×10^8 kg·m/s,1.5×10^{17} J

第 2 章　量子物理

1. 选择题

(1) C　　(2) D　　(3) A　　(4) D　　(5) C　　(6) A　　(7) D

(8) D　　(9) A　　(10) B

2. 填空题

(1) 1 471 K

(2) 1.72×10^3 K,1.68×10^{-6} m

(3) 6.12×10^{-7} m

(4) 431 nm,486 nm,656 nm

(5) 0.031 7 nm

(6) 8.9×10^{-26} m

(7) 2.21×10^{-20} nm

(8) $\lambda=\dfrac{h}{\sqrt{2meU}}$

(9) $\dfrac{\Delta P}{P} \geqslant 38.8\%$

(10) 6.6×10^{-8} eV, 1.85×10^{-5} nm

3. 计算题

(1) ① 1.37×10^3 K;② 2.11×10^{-6} m

(2) 2.15×10^5 m/s

(3) 4.86×10^{-6},4%

(4) ① 3.15×10^{15} Hz;

② 434 nm,486.1 nm,656.2 nm;

③ 10 条,除上述巴尔末系中的三条以外,还有莱曼系的四条,帕邢系中的两条,普丰德系中的一条

(5) ① 6.21×10^{-23} J;② 1.46×10^{-9} m

(6) 0.048 m

(7) ① $A=\sqrt{\dfrac{2}{a}}$;② $\dfrac{a}{4}$、$\dfrac{3}{4}a$ 处